꽃이
숨쉬는
책

②

600가지

꽃도감

Ornamental
Plants 600

한국화훼장식학회

부민문화사

www.bumin33.co.kr

한국화훼장식학회

저자대표

윤평섭, 박천호, 서정남(국립종자원 재배시험과)

저 자

강종구 교수 순천대 농업생명과학대학	김규원 교수 영남대 자연자원대학
김기선 교수 서울대 농업생명과학대학	김영선 교수 남도대 원예산업과
김종화 교수 강원대 농업생명과학대학	김홍렬 교수 대구가톨릭대 생명자원학부
박윤점 교수 원광대 생명자원과학대학	박천호 교수 고려대 생명환경과학대학
서정근 교수 단국대 생명자원과학대학	소인섭 교수 제주대 농업생명과학대학
손관화 교수 연암축산원예대 원예학부	손기철 교수 건국대 생명환경과학대학
송원섭 교수 순천대 농업생명과학대학	윤재길 교수 진주산업대 농과대학
윤평섭 교수 삼육대 환경원예디자인학과	이규민 교수 상명대 산업대학
이승우 교수 경희대 생명과학대학	이영병 교수 동아대 생명자원과학대학
이영현 교수 순천향대 자연과학대학	이정식 교수 서울시립대 문리과대학
이종석 교수 서울여대 자연과학대학	이종석 교수 충남대 농업생명과학대학
정병룡 교수 경상대 농업생명과학대학	정정학 교수 안동대 자연과학대학
정해준 교수 배재대 자연과학대학	조문수 교수 대구대 자연자원대학
한인송 교수 건국대 생명환경과학대학	한태호 교수 전남대 농업생명과학대학
허무룡 교수 경상대 농업생명과학대학	

일러두기

1. 이 책은 주변에서 기르는 식물을 중심으로 총 600종 및 품종(분화 및 화단식물 253종, 관엽식물 105종, 꽃나무 132종, 야생화 110종)을 대상으로 하였다.

2. 해당 식물에 대한 이해를 돕기 위하여 사진뿐만 아니라 일반명, 학명, 과명 그리고 간단한 해설을 추가하였고, 알아야 할 정도에 따라 4단계로 나누었다. 일반적으로 알아야 할 수준인 1단계 150종은 ★, 2단계 150종은 ★★, 3단계 150종은 ★★★, 4단계 150종은 ★★★★으로 표시하여 중요도 정도를 알아보는 데 도움이 되도록 하였다.

3. 학명은 기본적으로 도입된 원예식물의 경우에는 「Hortus Ⅲ」(Liberty Hyde Bailey Hortorium, Macmillan Publishing Company)에 따랐고, 우리나라에 자생하거나 야생하는 식물은 「대한식물도감」(이창복)과 「한국식물도감」(이영노)을 따랐다.

4. 최근에 육성된 원예식물의 경우, 학명은 「園藝植物」(鈴木基夫 등)을 참고하였다.

5. 식물의 학명을 기술할 때 사용된 약자는 다음과 같다.

   spp. : 種(species)의 복수를 뜻하는 약자로 그 속(屬)에 속한 모든 식물을 총칭한다.

   예) 학명 중 속명을 *Aster* spp.와 같이 spp.로 표기한 것은 공작초는 *Aster pilosus*와 *A. novi-belgii* 간의 교잡종 과 *A. cordifolius* 계통의 절화를 총칭하여 쓰는 말이므로, 어느 한 種名만을 표기하는 것보다 종 전체를 의미하 여 *Aster* spp.로 표기하였다.

   var. : 變種(variety)의 약자

   cv. : 品種(cultivated variety)의 약자

   이 도감에 수록된 식물은 대부분 원예종으로 구성되어 있다. 따라서 학명의 속명과 종명, 품종명까지 표기한 식 물도 있으나 품종이 다양한 경우 속명과 cv.까지만 표기하고 품종명은 생략하였다.

머리말

경제적 성장과 생활수준의 향상으로 관상 화훼식물은 정서적으로 매우 중요한 위치를 차지하게 되었다. 따라서 꽃의 다양한 수요는 크게 증가하고 있으며, 또한 꽃을 이용한 생활공간장식은 예술의 위치에까지 오르게 되었다. 화훼장식에 이용되는 화훼류는 매년 새로운 종과 다양한 품종이 소개되면서 소재선택의 폭이 크게 넓어지고 있다.

그러나 외국의 다양한 화훼가 이용되는 가운데 화훼인 마저 정확한 이름을 몰라 당황하는 일이 빈번하게 되었으며, 잘못된 이름 사용으로 인하여 때로는 국제적인 망신을 당하는 일까지 생기게 되었다.

따라서 한국화훼장식학회에서는 꽃을 사랑하는 사람이라면 기본적으로 알아야 할 화훼식물명에서 도입종에 이르기까지 600종을 선정하여 단계별로 정확한 이름을 익힐 수 있도록 하였다. 기호와 취미에 따라 선정기준의 관점이 다를 수 있을 것이나 이러한 부분은 협회에서 앞으로 수정·보완해 나가기로 할 것이며, 그 동안 다소 착오가 있었던 부분의 오자를 수정하고 사진을 교환하여 부족한 부분을 보완하였다.

독자들이 이 책으로만 식물을 익힌다는 것은 다소 무리라 생각하지만, 실제로 식물을 접하는 데 도움될 것이며 관상화훼 및 화훼장식 디자인의 기초가 될 것으로 기대한다. 또한 정확한 이름을 알 수 있도록 하여, 나아가 국민의 정서순화와 화훼발전에 기여코자 하는 마음으로 이 책을 펴내는 바이다.

끝으로 이 책의 출판을 맡아주신 부민문화사 정진해 사장님과 직원여러분께 진심으로 감사드린다.

2012년   2월

한국화훼장식학회 회장 서정근

차 례

I 분화 및 화단식물

아름다운 꽃이나 특이한 무늬의 잎을
관상하는 초본 또는 목본 식물로,
주로 화분에 심어 가꾸지만 겨울철의
추위에 견딜 수 있는 식물은
화단에 심어 기른다.
한두해살이 초화나
여러해살이 초화,
알뿌리식물, 난과식물,
식충식물, 방향식물,
수생식물 및 일부 화분에서
기르는 꽃나무 등을 묶었다.

일러두기

등급에 따라 속명의 알파벳 순으로 정리하였고, 우리나라의 중부지방을 기준으로 원예
학적으로 분류하여 간단히 설명하였다. 원산지에서는 여러해살이 초화 또는 작은 나무이나
우리나라의 추위에 견딜 수 없는 식물의 경우에는 한해살이 초화로 분류하기도 하였다.

★

접시꽃

Althaea rosea

(= Alcea rosea)

아 욱 과

아욱과 특유의 무궁화와 같
은 꽃이 긴 꽃대의 밑에서부
터 위로 계속 피는 초여름의
대표적인 초화이다.

★

안스리움

Anthurium andraeanum

천 남 성 과

오랫동안 감상할 수 있는
광택있는 포엽이 아름다워 실
내에서 분화로 기르는 초화
이다.

★

백량금

Ardisia crenata

자 금 우 과

둥근 톱니가 있는 광택있는
잎과 붉은 열매가 특징적인 분
화로 기르는 작은 나무이다.

자금우

Ardisia japonica

자 금 우 과

뿌리에서 많은 줄기가 나와
아름다운 붉은 열매가 달리는
분화로 기르는 작은 나무이다.

꽃베고니아

Begonia semperflorens

베 고 니 아 과

선홍색의 작은 꽃들이 탐스
럽게 피는 여름철의 대표적인
초화이다.

데이지

Bellis perennis

국 화 과

초봄을 알리는 앙증맞은 작
은 꽃이 피는 한해살이 초화
이다.

★

부겐빌레아

Bougainvillea glabra

분꽃과

오랫동안 감상할 수 있는 붉은색 포엽이 아름다워서 분화로 기르는 반덩굴성 나무이다.

★

금잔화

Calendula officinalis

국화과

초여름을 장식하는 노란색의 두툼한 꽃잎을 가진 국화과 한해살이 초화이다.

★

과 꽃

Callistephus chinensis

국화과

늦여름에서 가을에 걸쳐 피는 국화과 한해살이 초화로, 꽃장식에서 절화로 이용하기도 한다.

칸나, 홍초

Canna x generalis

홍 초 과

여름에 붉은색의 큰 꽃과 시원스런 잎으로 화단을 장식하는 봄에 심는 알뿌리식물이다.

일일초

Catharanthus roseus

협 죽 도 과

여름에 피는 바람개비 모양의 단정한 꽃으로, 화단을 장식하는 한해살이 초화이다.

맨드라미

Celosia cristata

비 름 과

여름에서 가을에 걸쳐 닭벼슬 또는 불꽃 모양의 작은 꽃무리가 아름다운 한해살이 초화이다.

★

군자란

Clivia miniata

수선화과

실내에서 분화로 기르는 여
러해살이 초화로, 주황색 꽃
이 우산살 모양으로 핀다.

★

콜레우스

Coleus spp.

꿀풀과

화려한 잎의 무늬로 여름철
화단 또는 실내를 장식하는 초
화이다.

★

코스모스

Cosmos bipinnatus

국화과

초가을을 대표하는 국화과
한해살이 초화이다.

시클라멘

Cyclamen persicum

앵초과

흰레이스를 두른 심장형 잎
사이로 날씬한 꽃대가 올라와
화려한 꽃이 피는 여러해살이
알뿌리식물이다.

춘란, 보춘화

Cymbidium goeringii

난과

초봄에 은은한 녹색의 꽃과
잎의 아름다운 선을 감상하는
우리나라 자생의 여러해살이
난과식물이다.

양란심비디움

Cymbidium spp.

난과

겨울에서 초봄에 걸쳐 화려
한 꽃무리를 자랑하는 난과식
물이다.

★

다알리아

Dahlia spp.

국화과

봄에 심어 여름에 아담한 꽃
이 피는 알뿌리식물이다.

★

국 화

Dendranthema grandiflorum

국화과

매우 다양한 꽃색과 모양을
자랑하는 가을을 대표하는 여
러해살이 초화이다.

★

덴파레

Dendrobium phalaenopsis

난과

화사한 꽃이 계속 피어 오
랫동안 감상할 수 있는 화려
한 서양란이다.

카네이션

Dianthus caryophyllus

석죽과

끝이 톱니 모양인 수많은 꽃
잎들이 뭉쳐난 여러해살이 초
화로, 절화로 많이 이용한다.

패랭이꽃 (원예종)

Dianthus sinensis
(= *D. chinensis*)

석죽과

봄과 초여름에 걸쳐 피는 카
네이션과 유사한 홑꽃종으로,
꽃잎 끝의 톱니 모양이 특징
적이다.

금낭화

Dicentra spectabilis

현호색과

우리나라에 야생하는 여러
해살이 초화로, 봄에 특이한
모양의 분홍색 꽃을 피운다.

★

포인세티아

Euphorbia pulcherrima

대극과

가을에서 겨울에 걸쳐 잎이
선홍색으로 아름답게 물드는
작은 나무이다.

★

리시안서스,
꽃도라지, 유스토마

Eustoma grandiflorum

용담과

여름을 대표하는 절화류로,
푸른색 계열의 시원한 느낌을
주는 꽃이 핀다.

★

프리지어

Freesia hybrida

붓꽃과

노란색의 꽃과 향기가 유명
한 알뿌리식물로, 절화로 이
용한다.

거베라

Gerbera jamesonii

국화과

벨벳 질감의 정형적인 국
화과 모양을 가진 절화류로,
절화나 분화로 이용한다.

글라디올러스

Gladiolus x *gandavensis*

붓꽃과

칼날처럼 쭉 뻗은 꽃대 사
이에서 꽃이 피어 선꽃 (line
flower)으로 많이 이용하는 절
화이다.

숙근안개초, 안개꽃

Gypsophila paniculata

석죽과

흰색의 작은 겹꽃들이 풍성
하게 피어 꽃장식에서 채움꽃
(filler flower)으로 많이 이용
하는 절화이다.

해바라기

Helianthus annuus

국 화 과

한겹의 노란 설상화가 가지
런히 꽃의 가장자리를 장식하
는 여름철 한해살이 초화로,
절화로도 이용하고 있다.

아마릴리스

Hippeastrum hybridum

수 선 화 과

대형의 화려한 꽃이 굵
은 꽃대 끝에서 둥글게
피는 알뿌리식물이다.

옥잠화

Hosta plantaginea

백 합 과

여름에서 초가을까지 흰색
의 은은한 향기가 나는 꽃을
피우는 여러해살이 초화로, 봉
오리의 모습이 마치 옥비녀와
같다.

히아신스

Hyacinthus orientalis

백합과

초봄에 상쾌한 향기를 내는
작은 꽃을 피우며, 알뿌리식
물이다.

수 국

Hydrangea macrophylla

범의귀과

초여름 풍성한 꽃을 피우는
작은 나무로, 꽃잎으로 보이
는 부분은 꽃받침이며 오랫동
안 감상할 수 있다.

봉선화

Impatiens balsamina

봉선화과

여름에 긴 잎 사이에서 다
즙질의 긴 꼬랑지를 가진 꽃
을 피우는 한해살이 초화이다.

★

뉴기니아봉선화

Impatiens New Guinea
Hybrids

봉 선 화 과

봉선화와 비슷하지만 좀더
큰 꽃을 풍성하게 피우며 더
운 계절을 좋아하는 분화이다.

★

임파치엔스,
아프리칸봉선화

Impatiens walleriana

봉 선 화 과

우리나라의 여름철 그늘 화
단을 장식하는 대표적인 초화
로, 더운 계절을 좋아한다.

★

구근아이리스

Iris x hollandica

붓 꽃 과

세 개의 파란색 꽃받침 잎
중앙에 노란 무늬가 들어가 아
름다운 알뿌리식물로, 주로 절
화로 이용한다.

칼랑코에

Kalanchoe spp.

돌나물과

네 장의 화려한 꽃잎을 가진 꽃들이 풍성하게 피는 다육식물로, 분화로 이용한다.

나리 (아시아계)

Lilium Asiatic Hybrids

백합과

단색의 화려한 꽃잎을 가진 알뿌리식물로, 절화나 화단식물로 이용한다. 이 계통은 보통 향기가 없다.

나리 (나팔나리)

Lilium longiflorum

백합과

나팔 모양의 흰색 꽃이 피는 알뿌리식물로, 절화로 이용한다.

★

나리(오리엔탈계)

Lilium Oriental Hybrids

백합과

꽃은 보통 혼합색으로 꽃잎 안쪽에 점이나 돌기가 있다. 향기가 좋은 절화용 알뿌리식 물이다.

★

숙근스타티스, 미스티블루

Limonium hybridum

갯질경이과

아주 작은 꽃들이 다발로 피어 채움꽃(filler flower)으로 많이 이용하고 있는 절화류이다.

★

스 톡

Matthiola incana

십자화과

볼륨있는 작은 꽃들이 이삭 모양으로 길게 피는 향기가 좋은 절화류이다.

미모사, 신경초

Mimosa pudica

콩 과

건드리면 깃털 모양의 잎들
이 순차적으로 반응하여 흥미
로운 분화식물이다.

분 꽃

Mirabilis jalapa

분 꽃 과

여름에 긴 원통을 가진 나
팔 모양의 꽃이 피는 한해살
이 초화이다.

나팔수선

Narcissus pseudonarcissus

수 선 화 과

나팔 모양의 긴 부화관을 가
진 알뿌리식물로, 절화나 분
화, 화단식물로 이용한다.

★

수선화

Narcissus tazetta

수 선 화 과

소형의 작은 꽃들이 무리지
어 피는 알뿌리식물로, 화단식
물이나 분화용으로 이용한다.

★

풍란, 소엽풍란

Neofinetia falcata

난 과

우리나라의 남부 도서지역
에 자생하는 착생 난과식물로,
여름에 은은한 향이 나는 흰
색 꽃이 핀다.

★

제라니움

Pelargonium x *hortorum*

쥐 손 이 풀 과

원형에 가까운 잎 사이에서
꽃대가 올라와 계속 꽃이 피
는 분화류이다.

페튜니아

Petunia x *hybrida*

가지과

여름의 대표적인 화단식물로, 최근에는 반덩굴성의 여러 품종들이 개발되어 많이 심고 있다.

팔레놉시스, 호접란

Phalaenopsis spp.

난과

나비 모양의 얇고 큼직한 꽃이 부드럽게 휜 꽃대에서 오랫동안 피는 난과식물이다.

나팔꽃

Pharbitis nil

메꽃과

여름의 아침을 시원하게 장식하는 덩굴성 한해살이 초화이다.

★

숙근플록스

Phlox paniculata

꽃 고 비 과

여름에 줄기 끝의 작은 꽃
들이 계속 피고 지는 여러해
살이 초화이다.

★

도라지

Platycodon grandiflorus

초 롱 꽃 과

여름에 파란색 또는 흰색의
별처럼 생긴 꽃잎 다섯 장을
가진 여러해살이 초화이다.

★

채송화

Portulaca grandiflora

쇠 비 름 과

여름에 짙은 꽃색을 가진 꽃
들이 계속 피고 지는 한해살
이 초화로, 잎이 다육질이다.

프리뮬라

Primula x *polyantha*

앵초과

초봄을 알리는 선명한 색의
꽃이 피는 한해살이 초화로,
종류에 따라서는 은은한 향기
가 난다.

철쭉류

Rhododendron spp.

진달래과

봄의 절정을 알려주는 꽃나
무로, 주로 정원에 심지만 다
양한 색과 모양을 가진 원예
품종은 분화로 기르는 경우가
많다.

장미

Rosa spp.

장미과

주로 절화로 알려져 있지만
화단식물이나 소형 분화식물
로도 이용한다.

★

로즈마리

Rosmarinus officinalis

꿀풀과

짙은 녹색의 긴 잎에서 강한 향기가 나는 허브류이다.

★

루드베키아

Rudbeckia hirta

국화과

여름에 마치 해바라기를 축소해 놓은 듯한 꽃을 피우는 여러해살이 초화로, 주로 화단에 심는다.

★

아프리칸바이올렛

Saintpaulia ionantha

제스네리아과

실내에서 적절한 조건만 주어지면 연중 꽃을 볼 수 있는 분화식물이다.

샐비어

Salvia splendens

꿀풀과

여름에서 가을에 걸쳐 줄기 끝에 붉은 꽃이 이삭 모양으로 피는 초화이다.

아프리칸매리골드, 만수국

Tagetes erecta

국화과

여름에 노란색이나 옅은 주황색의 꽃이 풍성하게 피어 화단을 장식하는 한해살이 초화로, 잎이나 꽃에서 냄새가 나는 특징이 있다.

한련화

Tropaeolum majus

한련과

작은 연꽃 모양의 잎 사이로 노란색 또는 주황색 꽃이 피는 여름철 한해살이 초화이다.

튤립

Tulipa x *gesneriana*

백합과

봄의 화단에서 쭉 뻗은 꽃
대에 단정한 꽃을 피우는 알
뿌리 초화이다.

팬지

Viola tricolor

V. x *wittrockiana*

제비꽃과

초봄을 장식하는 대표적인
초화로, 다섯 장의 꽃잎에 보
통 세 가지의 다른 무늬가 있
다.

칼라

Zantedeschia hybrida

천남성과

마치 종이를 말아 만든 조
화같은 포엽을 가진 알뿌리 식
물로, 주로 절화로 이용한다.

백일초, 백일홍

★

Zinnia elegans

국 화 과

두툼한 꽃잎 안쪽으로 별
모양의 노란색 꽃잎 다섯
장을 가진 초화로, 꽃이 매
우 오래간다.

29

아부틸론

★★

Abutilon hybridum

아 욱 과

풍선처럼 부푼 꽃받침잎과
꽃잎의 색 대조가 아름다운 작
은 나무로, 분화로 이용한다.

나도풍란, 대엽풍란

★★

Aerides japonicum

난 과

여름철 흰색 바탕에 점점이
연자주색 무늬가 있는 꽃을 피
우는 착생 난과식물이다.

★★

아가판서스

Agapanthus africanus

백합과

긴 꽃대에 작은 꽃들이 우산
살 모양으로 무리지어 피는 식
물로, 주로 절화로 이용한다.

★★

알리움

Allium giganteum

백합과

긴 꽃대에 매우 작은 꽃들
이 빽빽히 둥근 공 모양으로
피는 알뿌리식물로, 주로 절
화로 이용한다.

★★

알스트로메리아

Alstroemeria aurantiaca

알스트로메리아과

혼합색 또는 반점이 꽃잎 전
체에 퍼져 있는 꽃이 피는 알
뿌리 식물로, 주로 절화로 이
용한다.

색비름

Amaranthus tricolor

비 름 과

여름에서 가을에 걸쳐 화려한 색의 큰 잎을 가진 한해살이 초화이다.

★★

아네모네

Anemone coronaria

미 나 리 아 재 비 과

비교적 서늘한 기후를 좋아하는 알뿌리 초화로, 보통 늦겨울에서 봄까지 절화로 이용한다.

★★

안스리움

Anthurium scherzerianum

천 남 성 과

광택있는 붉은 포엽과 그 중앙의 특이한 꽃 모양이 아름다운 분화식물이다.

★★

★★

금어초

Antirrhinum majus

현삼과

특이한 모양의 작은 꽃들이 긴 꽃대에 이삭 모양으로 핀다. 보통 화환의 장식에 많이 이용하지만, 최근에는 분화로도 이용한다.

★★

서양매발톱꽃

Aquilegia spp.

미나리아재비과

매발톱과 같은 꽃잎의 끝이 특이한 느낌을 주는 우리나라 야생화인 매발톱꽃의 원예품종으로, 초여름 화단식물로 이용한다.

★★

산호수

Ardisia pusilla

자금우과

붉은 열매를 오랫동안 감상할 수 있어 분화식물로 많이 이용하고 있다.

공작초

Aster spp.

국 화 과

주로 여름철에 채움꽃(filler flower)으로 많이 이용하는 절화이다.

공작초　　　　　　　백공작

아스틸베

Astilbe arendsii

범 의 귀 과

초여름에 작은 꽃들이 뭉쳐서 삼각뿔같이 피는 여러해살이 초화로, 주로 화단에서 이용한다.

꽃양배추

Brassica oleracea
var. *acephala*

십 자 화 과

가을에서 겨울에 걸쳐 여러 색을 가진 잎을 즐기는 한해살이 초화이다.

★★

브론펠시아

Brunfelsia australis

가지과

여름에 시원한 향기의 꽃을 피우는 분화용 작은 나무로, 꽃이 필 때는 파란색이었다가 시들 때 흰색으로 변한다.

★★

캄파눌라, 초롱꽃

Campanula medium

초롱꽃과

종 모양의 꽃이 위를 향해 피는 두해살이 초화로, 우리나라에서는 주로 절화로 많이 이용하고 있다.

★★

홍화, 잇꽃

Carthamus tinctorius

국화과

특이한 모양의 주황색 꽃잎이 시들어도 꽃색이 변하지 않아 건조화로 많이 이용하고 있는 한해살이 초화로, 약용이나 염료로도 이용한다.

카틀레아

Cattleya spp.

난 과

열대의 이국적인 느낌을 전
해주는 듯한 화려하고 큰 꽃
을 피우는 서양란이다.

물수레국화, 센토레아

Centaurea spp.

국 화 과

화단식물 또는 절화용으로
이용하고 있는 한해살이 초화
로, 작은 꽃들이 꽃대와 수직
으로 편평하게 사방으로 핀 모
습이 독특하다.

클레마티스

Clematis spp.

미 나 리 아 재 비 과

여름에 화려한 색의 대형 꽃
이 피는 덩굴성 여러해살이 초
화이다.

★★

독일은방울꽃

Convallaria majalis

백 합 과

봄철에 은종과 같은 흰 꽃이
피는 여러해살이 초화이다.

★★

금계국

Coreopsis lanceolata

국 화 과

초여름 꽃잎 끝에 톱니가 있
는 노란색 꽃이 피는 여러해
살이 초화로, 화단에 심는다.

★★

노랑코스모스

Cosmos sulphureus

국 화 과

한여름에 코스모스와 같은
모양의 노란색 꽃을 피우는 한
해살이 초화이다.

한 란

★★

Cymbidium kanran

난과

끝이 가늘고 섬세한 꽃이 하
나의 꽃대에 모여 피는 우리
나라 자생 난과식물이다.

분화 및 화단식물

델피니움

★★

Delphinium hybridum

미 나 리 아 재 비 과

서늘한 곳을 좋아하는 유럽
원산의 여러해살이 초화로, 우
리나라에서는 주로 절화로 이
용한다.

덴드로비움

★★

Dendrobium spp.

난과

매우 다양한 색상과 모양을
가진 서양란이다.

스위트윌리암,
수염패랭이꽃

Dianthus barbatus

석죽과

패랭이꽃과 근연종이어서 꽃 잎 끝에 톱니 모양이 있는 한 해살이 초화로, 주로 절화로 이 용한다. 꽃받침잎이 무척 길어 독특한 느낌을 준다.

★★

파리지옥

Dionaea muscipula

끈끈이귀개과

벌레를 잡을 수 있도록 잎 끝이 야구의 글러브와 같이 변 태된 식충식물이다.

★★

부레옥잠

Eichhornia crassipes

물옥잠과

뿌리를 물속에 담그고 물에 떠서 자라는 수생식물로, 여 름에 연보라색의 꽃이 핀다.

후크시아

Fuchsia x *hybrida*

바늘꽃과

활짝 벌어진 꽃받침잎과 모여 있는 꽃잎 색의 대조가 아름다운 분화식물이다.

천일홍

Gomphrena globosa

비름과

늦여름에서 가을에 걸쳐 수많은 작은 꽃들이 둥글게 모여 피는 식물로, 가을철 화단식물 또는 건조화로 이용한다.

원추리

Hemerocallis fulva

백합과

초여름에 화려한 색감의 큰 꽃이 피는 여러해살이 초화로, 보통 꽃이 핀 날 시든다.

★★
하와이무궁화
Hibiscus rosa-sinensis

아 욱 과

무궁화와 근연종인 동남아시아 원산의 늘푸른 작은 나무로, 여름에 피는 선명한 붉은 꽃이 매혹적이다.

★★
호스타, 무늬옥잠화
Hosta undulata cv.

백 합 과

노란색의 아름다운 무늬가 잎 가장자리 또는 잎 중앙에 들어간 여러해살이 초화로, 다양한 품종이 있다.

★★
꽃창포 (원예종)
Iris ensata

붓 꽃 과

초여름에 피는 푸른색의 탐스러운 꽃이 매혹적인 여러해살이 초화이다.

독일붓꽃

★★

Iris x *germanica*

붓꽃과

봄의 화단을 화려하게
장식하는 여러해살이 알
뿌리식물이다.

★★

자스민

Jasminum polyanthum

물 푸 레 나 무 과

은은한 자스민 향기가 나는
덩굴성 식물로, 주로 분화로
이용한다.

★★

자스민

Jasminum sambac

물 푸 레 나 무 과

여름에 달콤한 자스민 향기
가 나는 작은 나무로, 분화로
이용한다.

란타나

Lantana camara

마 편 초 과

붉은색에서 노란색의 스팩트럼처럼 다양한 색이 꽃무리에 나타나는 분화용 작은 나무로, 노란색으로 핀 꽃은 시들 때 붉어진다.

★★

라벤더

Lavandula spp.

꿀 풀 과

여름에 보라색의 꽃이 피는 작은 나무로, 잎의 향기가 좋아 분화로 이용하는 허브이다.

★★

옥스아이데이지, 노스폴

Leucanthemum paludosum
cv. North Pole

국 화 과

봄에 흰 설상화와 안쪽의 노란 통상화가 피는 한해살이 초화로, 설상화의 끝이 뭉툭하거나 다소 안쪽으로 파여서 다른 국화과 식물과 구별된다.

샤스타데이지 ★★

Leucanthemum x superbum

국 화 과

봄에 흰 설상화와 안쪽의 노
란 통상화가 피는 내한성이 강
한 숙근초이다.

리아트리스 ★★

Liatris spicata

국 화 과

보라색 솜방망이처럼 작은
꽃들이 위에서부터 밑으로 피
는 여러해살이 초화로, 주로
절화로 이용한다.

스타티스 ★★

Limonium sinuatum

갯질경이과

색종이를 접어 놓은 듯한 선
명한 색의 꽃받침잎 안에 흰
색의 작은 꽃들이 피는 한해
살이 초화로, 절화나 건조화
로 많이 이용한다.

★★

맥문동

Liriope platyphylla

백합과

우리나라에 자생하는 늘푸른
여러해살이 초화로, 나무 밑 그
늘의 지피식물로 많이 이용한다.

★★

석 산

Lycoris radiata

수선화과

늦은 여름 잎이 없는 긴 꽃대
가 올라와 붉은색의 얇은 꽃잎
이 멋드러지게 휘어져 우산살
모양의 특이한 꽃이 피는 알뿌
리식물이다.

★★

멜람포디움

Melampodium paludosum

국화과

여름철 연녹색의 잎과 작은
노란색 꽃의 대비가 아름다운
국화과 한해살이 초화이다.

물망초

Myosotis scorpioides

지 치 과

봄에 보라색이나 흰색, 핑
크색의 귀엽고 작은 꽃이 피
는 한해살이 초화이다.

남 천

Nandina domestica

매 자 나 무 과

실내에서 화분으로 기르는
작은 나무이다.

연 꽃

Nelumbo nucifera

수 련 과

연못의 토양에 뿌리를 내리
고 줄기가 올라와 잎이 수면에
떠서 생활하는 여러해살이 수
생식물로, 한여름에 꽃이 핀다.

네펜데스,
벌레잡이통풀

Nepenthes spp.

벌레잡이통풀과

잎 끝이 벌레를 잡을 수 있
도록 통처럼 변태된 여러해살
이 식충식물이다.

★★

수 련

Nymphaea spp.

수련과

연못의 토양에 뿌리를 내리
고 잎이 수면에 떠서 생활하
는 여러해살이 수생식물로, 꽃
은 여름에 핀다. 연꽃보다 크
기가 작고 둥근 잎이 갈라진
특징이 있다.

★★

온시디움

Oncidium spp.

난과

보통 노란색 바탕에 붉은 무
늬가 점점이 있는 꽃이 피는
난과식물이다.

옥살리스

★★

Oxalis spp.

괭 이 밥 과

잎은 보통 세 장으로 토끼
풀(클로버)처럼 생긴 여러해살
이 분화식물이다.

작 약

★★

Paeonia lactiflora

미 나 리 아 재 비 과

봄에 큼지막한 꽃을 피우는
여러해살이 초화로, 생김새가
유사하나 작은 나무인 모란과
구별해야 한다.

양귀비

★★

Papaver spp.

양 귀 비 과

구겨놓은 한지가 펴지는 것
처럼 특이한 모양으로 꽃이 피
는 한해살이 초화로, 절화로
많이 이용한다.

★★

꽃잔디

Phlox subulata

꽃 고 비 과

 봄에 분홍색 또는 흰색의 작
은 꽃이 지면에 바짝 붙어 피
는 여러해살이 초화이다.

★★

꽈 리

Physalis alkekengi
var. *franchetii*

가 지 과

 가을에 오랫동안 달리는 주
황색 열매를 감상하는 한해살
이 초화로, 화단 또는 분화식
물로 이용한다.

★★

플루메리아

Plumeria acuminata

협 죽 도 과

 하와이에서 장식용 목걸이
화환으로 많이 이용하는 열대
원산의 꽃나무로, 추위에 약
해서 분화식물로 이용한다.

무늬둥글레

Polygonatum odoratum cv.

백합과

우리나라 자생 둥글레의 무
늬종으로, 잎 끝에 노란 줄무
늬가 있어 아름다운 여러해살
이 초화이다.

프리뮬라 말라코이데스

Primula malacoides

앵초과

초봄을 장식하는 프리뮬라
의 한 종류로, 꽃은 작지만 많
이 피어 오랫동안 감상할 수
있는 한해살이 초화이다.

게발선인장

Schlumbergera truncata

선인장과

게의 다리와 같이 마디가 뚜
렷히 갈라진 줄기 끝에 선명한
꽃이 아름다운 다육식물이다.

★★

백묘국, 더스티밀러

Senecio cineraria

국 화 과

잎 표면에 흰색의 작은 털이 밀생하여 은빛이 도는 여러해살이 초화로, 화단식물로 이용한다.

★★

시네라리아

Senecio cruentus

국 화 과

팬지, 프리뮬러, 데이지와 함께 초봄을 장식하는 대표적인 국화과 여러해살이 초화로, 우리나라에서는 한해살이 초화로 취급한다.

★★

솔리다스터

Solidaster luteus

국 화 과

*Solidago*와 *Aster* 속간의 잡종으로, 최근 꽃장식에서 채움꽃(filler flower)로 이용하고 있다. 작고 노란색의 꽃이 피는 절화이다.

프랜치매리골드, 공작초

★★

Tagetes patula

국 화 과

짙은 주황색 꽃잎 바탕에 가
장자리가 파상의 무늬를 이루
는 매리골드로, 여름에 화단
에서 이용하고 있는 대표적인
한해살이 초화이다.

서양백리향, 타임

★★

Thymus spp.

꿀 풀 과

좁쌀처럼 아주 작은 잎을 가
진 작은 나무로, 잎의 향기가
좋아 분화용 허브로 이용한다.

자주달개비

★★

Tradescantia reflexa

닭 의 장 풀 과

여름에 싱그러운 보라색 꽃
이 피는 여러해살이 초화로,
꽃은 오래가지 않지만 계속 피
고 진다.

실유카

Yucca filamentosa

용 설 란 과

여름에 흰색의 꽃이 탐스럽게 피는 늘푸른 여러해살이 초화이다.

★★

좁은잎백일홍

Zinnia angustifolia

국 화 과

여름에서 가을에 걸쳐 주황색 또는 노란색의 꽃이 피는 잎과 꽃이 소형인 다화성 왜성종이다.

★★★

서양톱풀, 아킬레아

Achillea millefolium cv.

국 화 과

톱같이 얇은 잎과 줄기 끝에 붉은색 또는 흰색의 작은 꽃이 특징적인 여러해살이 초화로, 주로 화단에 심는다.

★★★
아데니움

Adenium obesum

협죽도과

선명한 붉은색의 꽃이
아름다운 분화용 다육식물
이다.

★★★
아게라텀

Ageratum houstonianum

국화과

여름에 보라색의 작은 꽃이
둥글게 피는 한해살이 초화로,
주로 화단에 심는다.

★★★
아주가

Ajuga reptans
(= A. repens)

꿀풀과

꽃은 보라색이고, 포기에서
기는 줄기가 나와 지면에 퍼
지며, 지피식물로 많이 이용
하는 여러해살이 초화이다.

★★★

마가렛

Argyranthemum frutescens

국 화 과

추위에 약한 여러해살이 풀로, 봄에 피는 청초한 흰색 설상화와 안쪽 노란색 통상화의 대비가 아름답다.

★★★

아스클레피아스

Asclepias curassavica

박 주 가 리 과

여름에 피는 짙은 주황색의 꽃받침잎과 노란색 꽃의 대비가 아름다운 한해살이 초화이다.

★★★

아스터

Aster novi-belgii

국 화 과

초여름과 가을에 꽃이 피는 여러해살이 초화로, 주로 화단에 심는다.

★★★
엘라티올베고니아

Begonia x hiemalis

베 고 니 아 과

분화로 이용되는 여러해
살이 초화로, 투명감 있는
선명한 꽃색을 자랑하는
다즙질의 꽃이 핀다.

분화 및 화단식물

★★★
칼세오라리아

Calceolaria herbeohybrida

현 삼 과

아랫 꽃잎이 복주머니같이
부풀어 특이한 모양을 가진
꽃이 피는 한해살이 초화로,
분화로 이용한다.

★★★
병솔나무

Callistemon citrinus

도 금 양 과

마치 병 안을 닦는 솔과 같
은 붉은색 수술이 길게 돌출
되어 있는 분화용 작은 나무
로, 절화로 이용하기도 한다.

★★★

꽃고추

Capsicum annuum
var. *abbreviatum*

가 지 과

보통 고추와는 달리 하늘을
향해 치솟은 짙은 색의 열매
가 오랫동안 달려 있는 분화
용 한해살이 초화이다.

★★★

야래향

Cestrum nocturnum

가 지 과

여름 밤에 긴 나팔모양의
작은 꽃이 피어 진한 향기를
발산하는 분화용 작은 나무
이다.

★★★

크리산테멈 퍼시피쿰

Chrysanthemum pacificum

국 화 과

가을에 노란 통상화만을 피
우는 분화용 여러해살이 초화
로, 짙은 녹색 잎의 가장자리
와 아랫면은 흰색이다.

고데치아

Clarkia amoena
(= *Godetia* spp.)

바늘꽃과

초여름에 화려한 꽃이 피는
한해살이 초화로, 주로 분화
로 이용한다.

★★★

클레로덴드론

Clerodendrum thomsonae

마편초과

분화용 여러해살이 덩굴성
작은 나무로, 흰색 포엽과 붉
은색 꽃잎의 대비가 아름다운
꽃이 핀다.

★★★

크로커스

Crocus sativus

붓꽃과

초봄 땅 위에 바짝 붙어서
귀여운 꽃이 피는 알뿌리식물
이다.

★★★

쿠페아

Cuphea hyssopifolia

부처꽃과

실내에서 기르는 소형 분화
식물로, 줄기 끝에 연자주색
의 작은 꽃이 핀다.

★★★

쿠르쿠마

Curcuma spp.

생강과

긴 꽃대에 달린 분홍색 포
엽을 오랫동안 감상할 수 있
어 분화 또는 절화로 이용
한다.

★★★

디기탈리스

Digitalis purpurea

현삼과

여름철 종 모양의 꽃이 긴
꽃대의 밑에서부터 위로 탐스
럽게 피는 두해살이 또는 여
러해살이 초화로, 화단에서 이
용한다.

리빙스톤데이지

★★★

Dorotheanthus bellidiformis

석 류 풀 과

봄에 국화과의 꽃 모양으로
피는 한해살이 초화로, 선명한
꽃색이 아름다워 화단이나 분
화로 기르는 다육식물이다.

분화 및 화단식물

에키나세아

★★★

Echinacea purpurea

국 화 과

여름에 루드베키아와 유사
한 분홍색의 꽃이 피는 여러
해살이 초화로, 화단에서 기
른다.

에키놉스

★★★

Echinops ritro

국 화 과

여름에 피는 여러해살이 초
화로, 화단에 심거나 절화로
이용한다.

★★★

설악초

Euphorbia marginata

대 극 과

여름철 줄기 끝에 선명한 흰
무늬가 있는 잎과 흰 꽃이 시
원한 느낌을 주는 한해살이 초
화이다.

★★★

꽃기린

Euphorbia milli
var. *splendens*

대 극 과

줄기 끝에 피는 꽃의 붉은색
또는 분홍색, 흰색 포엽이 아
름다워 분화로 이용하는 다육
식물이다.

★★★

천인국,
가일라르디아

Gaillardia pulchella

국 화 과

화단에서 기르는 여러해살
이 초화로, 초여름에 피는 붉
은색 꽃잎 끝에 노란색이 들
어간 특이한 꽃이 아름답다.

★★★

가자니아

Gazania splendens

국 화 과

국화과 특유의 단정한 꽃이
피는 아름다운 식물로, 주로
봄철 분화로 이용하고 있다.

★★★

용 담

Gentiana spp.

용 담 과

가을을 대표하는 보라색
종모양의 꽃이 위를 향해 핀
다. 분화 또는 화단식물, 절
화로 이용하고 있다.

★★★

밀짚꽃, 헬리크리섬

Helichrysum bracteatum

국 화 과

한해살이 초화로, 꽃잎이 단
단하고 광택이 있어 건조화로
사용하기에 적당하다.

★★★

헬리코니아

Heliconia spp.

파 초 과

화려한 포엽의 무늬가 아름
다운 열대 원산 알뿌리식물로,
주로 절화로 이용한다.

★★★

헬리오트롭

Heliotropium arborescens

지 치 과

초콜렛 향기가 나는 자주색
꽃이 줄기 끝에서 피는 작은
나무로, 주로 분화로 이용하
는 허브이다.

★★★

서양물레나물,
히페리쿰

Hypericum spp.

물 레 나 물 과

여름에 노란색 꽃이 줄기 끝
에서 계속 피는 여러해살이 초
화로, 주로 화단에서 이용한다.

익소라

★★★

Ixora chinensis

꼭 두 서 니 과

수국과 같이 탐스러운 주황색 꽃이 줄기 끝에서 피는 작은 나무로, 분화식물로 이용한다.

새우풀

★★★

Justicia brandegeana

쥐 꼬 리 망 초 과

심장형의 붉은색 포엽들이 포개져 있는 사이로 흰색 바탕에 자주색 점무늬가 있는 꽃이 피는 작은 나무로, 분화식물로 이용한다.

꽃댑싸리

★★★

Kochia scoparia
for. *trichophylla*

명 아 주 과

화단이나 화분에 심어 부드러운 잎색을 즐기기 위해 기르는 한해살이 초화이다.

★★★

람프란서스, 송엽국

Lampranthus spectabilis

석 류 풀 과

국화과는 아니지만 국화 모양의 꽃이 초여름에 피는 여러해살이 다육식물이다.

★★★

스위트피

Lathyrus odoratus

콩 과

나비처럼 생긴 작은 꽃들이 긴 꽃대에 줄지어 피는 절화이다.

★★★

월계수

Laurus nobilis

녹 나 무 과

잎에서 특이한 향기가 나서 허브로도 이용하는 늘푸른 작은 나무로, 주로 분화식물로 이용한다.

로벨리아 ★★★

Lobelia erinus

숫 잔 대 과

봄에 보라색 또는 흰색의 꽃이 피는 한해살이 초화로, 주로 소형 분화식물로 이용한다.

루피너스 ★★★

Lupinus hybrida

콩 과

손가락처럼 갈라진 잎과 멋지게 쭉 뻗은 꽃대에 콩과의 전형적인 꽃들이 다닥다닥 피는 두해살이 초화이다.

밀토니아 ★★★

Miltonia spp.

난 과

팬지와 비슷한 종이처럼 얇고 큰 꽃이 피며, 오랫동안 감상할 수 있는 비교적 기르기 쉬운 서양란이다.

★★★

무스카리

Muscari spp.

백합과

봄에 앙증맞고 작은 보라색 꽃이 꽃대를 따라 포도송이처럼 피는 알뿌리식물이다.

★★★

네마탄더스, 복어꽃

Nematanthus gregarius

제스네리아과

광택있는 잎과 잎겨드랑이에서 피는 특이한 모양의 주황색 꽃이 아름다운 실내 분화식물이다.

★★★

백오모자, 백도선

Opuntia microdasys

선인장과

녹색의 편평한 줄기에 흰색의 부드러운 솜털이 점점이 있는 선인장으로, 분화로 이용한다.

★★★
오르니소갈럼

Ornithogalum spp.

백 합 과

긴 꽃대의 밑에서부터 단정
한 꽃들이 일렬로 피어 아름
다운 절화류이다.

★★★
오스테오스퍼멈

Osteospermum spp.

국 화 과

봄에 화려한 꽃이 무리지어
피는 여러해살이 초화로, 주
로 분화로 이용한다.

★★★
수호초

Pachysandra terminalis

회 양 목 과

내음성이 강하여 수목의 밑
에 심는 지피식물로 많이 이
용하고 있는 늘푸른 작은 나
무이다.

★★★

노랑새우풀

Pachystachys lutea

쥐꼬리망초과

실내 분화로 이용하는 작은
나무로, 줄기 끝의 노란색 포
엽 사이에서 흰색 꽃이 핀다.

★★★

파피오페딜럼

Paphiopedilum spp.

난과

아랫 꽃잎이 펠리칸의 부리
처럼 특이한 모습을 한 난과
식물이다.

★★★

시계꽃

Passiflora caerulea

시계꽃과

마치 시계의 초침 흔적과 같
이 꽃잎이 얇게 갈라져 있고,
수술과 암술이 시침이나 분침
을 연상시키는 여러해살이 덩
굴식물이다.

펜타스

★★★

Pentas lanceolata

꼭 두 서 니 과

별같이 끝이 뾰족한 작은 꽃
들이 줄기 끝에 모여 피는 여
러해살이 초화로, 주로 분화
로 이용한다.

꽃범의꼬리,
피소스테기아

★★★

Physostegia virginiana

꿀 풀 과

여름철 줄기 끝에 흰색 또
는 보라색의 작은 꽃들이 밑
에서 차곡차곡 피는 모습이 아
름다운 여러해살이 초화로, 주
로 화단에서 이용한다.

위터레터스, 물상추

★★★

Pistia stratiotes

천 남 성 과

물속에 뿌리를 담그고 물위
에서 생활하는 수생식물로, 잎
표면의 질감이 부드러운 여러
해살이 초화이다.

프리뮬라 오브코니카

Primula obconica

앵초과

분화식물로 이용하는 여
러해살이 초화로, 보통의 프
리뮬라보다 긴 꽃대에 투명
감있는 꽃들이 다수 핀다.

★★★

라넌쿨러스

Ranunculus asiaticus

미나리아재비과

선명한 꽃색과 볼륨있는 겹
꽃이 봄에 더욱 돋보이는 알
뿌리식물이다.

★★★

로도히폭시스

Rhodohypoxis baurii

수선화과

봄에 가는 잎 위로 올라온
단정한 붉은색 또는 흰색의 꽃
이 특색있는 알뿌리식물이다.

★★★

루스커스

Ruscus spp.

백합과

꽃장식에서 자른 가지로 많이 이용하고 있는 여러해살이 초화로, 잎처럼 보이는 부분이 원래는 줄기(엽상경)이다.

★★★

사라세니아

Sarracenia spp.

사라세니아과

벌레를 잡을 수 있도록 잎이 원통형으로 변태된 특이한 식충식물로, 분화로 이용한다.

★★★

스케비오사

Scabiosa spp.

산토끼꽃과

우리나라에 자생하는 체꽃의 유사종으로, 연보라색 작은 꽃들이 무리지어 피는 한해살이 또는 여러해살이 초화이다. 주로 분화 또는 절화식물로 이용한다.

★★★

끈끈이대나물

Silene armeria

석 죽 과

초여름에 진분홍색의 작은
꽃들이 바람에 흩날리는 모습
이 아름답다. 번식력이 왕성
한 한해살이 초화로, 화단에
서 이용한다.

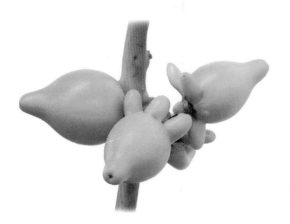

★★★

노랑혹가지,
폭스훼이스

Solanum mammosum

가 지 과

여우의 얼굴 모양을 한 노
란색 열매가 독특하고 아름다
워 자른 가지의 형태로 이용
한다.

★★★

마다가스카르자스민

Stephanotis floribunda

박 주 가 리 과

초여름에 향기 좋은 흰꽃이
피는 늘푸른 덩굴식물로, 주
로 분화로 이용한다.

★★★
극락조화

Strelitzia reginae

파초과

극락조와 같은 현란한 모양
과 색을 가진 열대 초본식물
로, 주로 절화로 이용한다.

★★★
미니매리골드

Tagetes lucida

국화과

매리골드를 연상시키는 색
과 모양을 가진 작은 꽃들이
아름다워 꽃장식에서 채움꽃
(filler flower)으로 이용하는 절
화이다.

★★★
틸란드시아

Tillandsia cyanea

파인애플과

분홍색 포엽 사이로 진보라
색 꽃이 아름다운 실내 분화
식물이다.

★★★

틸란드시아
우스네오이데스

Tillandsia usneoides

파 인 애 플 과

뿌리없이 공기 중의 습기를 흡수하여 생활하는 공중식물 이다.

★★★

토레니아

Torenia fournieri

현 삼 과

여름에 피는 청초한 꽃이 아름다운 한해살이 초화로, 분화 또는 화단식물로 이용 한다.

★★★

반 다

Vanda spp.

난 과

난꽈식물 중에서는 특이하 게 아랫 꽃잎은 볼품없고 그 외 꽃잎이 똑같은 모양을 하 고 있는 서양란이다.

★★★

버베나

Verbena x *hybrida*

마 편 초 과

봄에서 초여름에 걸쳐
화단이나 분화식물로 이용
하고 있는 한해살이 또는
여러해살이 초화이다.

★★★

빈 카

Vinca major cv. Variegata

협 죽 도 과

바람개비 모양의 연보라색
꽃과 잎 가장자리의 노란색 무
늬가 아름다운 덩굴성 여러해
살이 초화이다.

★★★

흰꽃나도사프란

Zephyranthes candina

수 선 화 과

여름에 긴 잎 사이에서 피
는 상큼한 흰 꽃이 아름다운
알뿌리식물이다.

★★★★

아칼리파히스피다

Acalypha hispida

대극과

꼬리처럼 길게 늘어진 붉은 화서를 오랫동안 감상할 수 있는 작은 나무로, 분화로 이용한다.

★★★★

아칼리파렙탄스

Acalypha reptans

대극과

줄기 끝에 있는 붉은색의 원추화서를 오랫동안 감상할 수 있는 덩굴성 분화식물이다.

★★★★

아키메네스

Achimenes spp.

제스네리아과

긴 통 끝에 벌어진 멋진 꽃이 아름다워 분화로 이용하는 알뿌리식물이다.

★★★★
아에오니움
Aeonium haworthii

돌 나 물 과

회녹색 잎이 줄기 끝에 촘
촘히 달려 마치 장미꽃과 같
이 아름다운 다육식물로, 분
화식물로 이용한다.

★★★★
알라만다
Allamanda cathartica

협 죽 도 과

나팔 모양의 노란 꽃이 아
름다운 분화용 작은 나무이다.

★★★★
암모비움
Ammobium alatum

국 화 과

건조화로 적당한 한해살이
초화로, 여름에 꽃이 핀다.

캥거루포

Anigozanthos spp.

캥거루발톱과

특이한 꽃 모양이 이국적인 분위기를 연출하여 절화로 이용하고 있다.

아르메리아

Armeria plantaginea

갯질경이과

봄에 보라색 꽃이 꽃대 끝에 무리지어 둥글게 피는 여러해살이 초화로, 주로 분화식물로 이용한다.

아룬디나리아

Arundinaria viridistriata

벼과

노란색 선형 잎에 녹색의 줄무늬가 아름다운 근경성 초화로, 번식력이 매우 강하다. 화단에서 이용한다.

★★★★

보리지

Borago officinalis

지치과

이슬 맺힌 여름철 털이 송송 달린 꽃 줄기에 연보라색 꽃이 아름다운 한해살이 초화로, 잎이나 꽃을 허브로 이용하기도 한다.

★★★★

브라시아

Brassia spp.

난과

꽃이 전체적으로 연한 녹색이고, 꽃잎이 유난히 긴 서양란이다.

★★★★

캄파눌라

Campanula poscharskyana

초롱꽃과

종 모양의 작은 연보라색 꽃이 위를 향해 활짝 피어 아름다운 초화이다.

★★★★

왁스플라워

Chamelaucium uncinatum

도금양과

오스트레일리아 원산의 식
물로, 잎과 함께 절화로 이용
한다.

★★★★

크로산드라

*Crossandra
infundibuliformis*

쥐꼬리망초과

여름에 주황색 꽃이 피는
여러해살이 초화로, 실내에
서 분화식물로 이용한다.

★★★★

에피덴드럼

Epidendrum spp.

난과

가장자리가 톱니 모양인 아
랫 꽃잎이 위를 향해 달린 독
특한 서양란으로, 분화식물로
이용한다.

캘리포니아포피

★★★★

Eschscholzia californica

양귀비과

초여름에 밝은 주황색의 꽃이 피는 한해살이 초화로, 주로 화단식물로 이용한다.

아마존릴리, 유카리스

★★★★

Eucharis grandiflora

수선화과

순백색 수선화 꽃 모양의 향기있는 꽃이 피는 알뿌리식물로, 절화로 이용한다.

엑사쿰

★★★★

Exacum affine

용담과

여름에 다섯 장의 단정한 꽃잎을 가진 보라색 꽃이 피는 한해살이 초화로, 분화로 이용한다.

★★★★

블루데이지

Felicia amelloides

국 화 과

봄철 보라색의 설상화와 가
운데 노란색의 통상화의 대조
가 아름다운 여러해살이 초화
로, 분화로 이용한다.

★★★★

카롤리나자스민

Gelsemium sempervirens

마 전 과

화분에 심어 밝은 실내에
서 기르면 겨울에 노란색 꽃
이 피는 덩굴성 방향식물이
다.

★★★★

꽃생강

Hedychium spp.

생 강 과

여름에 특이한 모양의 큰
꽃이 피는 알뿌리식물로, 화
단이나 절화용으로 이용한
다.

★★★★
히메노칼리스

Hymenocallis speciosa

수 선 화 과

여름에 이국적인 흰색 꽃
이 피는 알뿌리식물로, 실내
에서 분화로 이용한다.

★★★★
이소토마

Isotoma axillaris

숫 잔 대 과

여름에 연보라색 꽃이 피는
한해살이 초화로, 주로 분화
식물로 이용한다.

★★★★
트리토마

Kniphofia uvaria

백 합 과

긴 원통형의 꽃이 꽃대의 밑
에서부터 계속 피는 여러해살
이 초화로, 주로 절화로 이용
한다.

★★★★

루카덴드론

Leucadendron spp.

프 로 테 아 과

특이한 모양의 꽃과 오랫동안 푸르름을 유지하는 잎을 꽃장식에서 자른 가지로 이용한다.

★★★★

스노우플래이크

Leucojum aestivum

수 선 화 과

초봄 종 모양의 흰색 꽃잎 끝에 옅은 녹색 점이 있는 꽃이 애처럽게 고개를 숙이고 피는 알뿌리식물로, 주로 화단에서 이용한다.

★★★★

로불라리아

Lobularia maritima

십 자 화 과

봄철 지면에 바짝 붙어서 향기있는 작은 꽃이 피는 한해살이 초화로, 분화식물로 이용한다.

★★★★

리시마치아

Lysimachia nummularia

앵초과

여름에 노란색 꽃이 피는
추위와 더위에 강한 덩굴성
여러해살이 초화로, 화단 또
는 분화식물로 이용한다.

★★★★

모나르다

Monarda spp.

꿀풀과

여름에 특색있는 작은 꽃이
줄기 끝에 둥글게 모여 피는
여러해살이 초화로, 주로 화
단식물로 이용한다.

★★★★

꽃달맞이꽃

Oenothera speciosa

바늘꽃과

봄에서 여름에 걸쳐 연분홍
색 꽃이 피는 여러해살이 초
화로, 주로 화단식물로 이용
한다.

★★★★

폴리고눔

Polygonum capitatum
cv. Victoria Carpet

마디풀과

연분홍색 또는 흰색의 작은 꽃이 둥글게 모여 피는 여러해살이 초화로, 화단 또는 분화식물로 이용한다.

★★★★

산더소니아

Sandersonia aurantiaca

백합과

종 모양의 주황색 꽃이 피는 알뿌리식물로, 분화나 절화식물로 이용한다.

★★★★

실 라

Scilla spp.

백합과

봄에 보라색 꽃이 피는 알뿌리식물로, 화단 또는 분화식물로 이용한다.

★★★★
글록시니아,
시닝기아

Sinningia speciosa

제 스 네 리 아 과

다즙질의 잎 사이로 큰 원통형의 꽃이 피는 실내 분화식물이다.

★★★★
예루살렘체리

Solanum pseudocapsicum

가 지 과

늘 푸른 작은 나무로, 가을철 주황색의 토마토와 같은 열매를 오랫동안 감상할 수 있어 분화식물로 이용한다.

★★★★
스트렙토카르프스

Streptocarpus saxorum

제 스 네 리 아 과

다즙질의 두툼한 잎과 반덩굴성 줄기 사이로 피는 연보라색 꽃이 아름다워 주로 공중걸이 분에 심어 실내에서 분화식물로 이용한다.

★★★★

데저트피

Swainsona formosa

콩 과

오스트레일리아 원산의 독
특한 꽃 모양을 가진 절화식
물이다.

★★★★

타키투스

Tacitus bellus

돌 나 물 과

장미 꽃 모양처럼 지면에
바짝 붙어 줄기에 빽빽히 달
려있는 잎과, 가운데에서 올
라온 붉은색 꽃이 아름다워
주로 분화로 이용하는 다육
식물이다.

★★★★

툰베르기아,
아프리카나팔꽃

Thunbergia spp.

쥐 꼬 리 망 초 과

안쪽과 바깥쪽 색깔의 내조
가 특이한 나팔 모양의 꽃이
피는 덩굴성식물로, 주로 공
중걸이 화분이나 분화로 이용
한다.

★★★★

티보치나

Tibouchina urvilleana
(= *T. semidecandra*)

산석류과

부드러운 털로 덮인 단정한
잎과 대형의 진자주색 꽃이 피
는 작은 나무로, 분화식물로
이용한다.

★★★★

빨간토끼풀

Trifolium incarnatum

콩과

봄에 붉은색의 작은 꽃이 줄
기 끝에 무리지어 피는 한해
살이 초화로, 주로 분화식물
로 이용한다.

★★★★

빅토리아연꽃

Victoria amazonica

수련과

잎이 1m 이상 되는 대형 수
생식물로, 한해 또는 두해살
이 초화이다.

★★★★

빈 카

Vinca minor

협죽도과

연보라색 물레 모양의 꽃이 매력적인 덩굴성 나무로, 화단 또는 분화식물로 이용한다.

II 관엽식물

실내의 비교적 어두운 환경에서도
잘 자라는 열대나 아열대
원산의 잎보기식물로,
휴면이 없고 잎이
지지 않아서
연중 아름다운 잎의
무늬나 색을 관상할 수
있는 식물이다.

일러두기
등급에 따라 속명의 알파벳 순으로 정리하였다.

★

아디안텀

Adiantum raddianum

고 란 초 과

연한 녹색의 잎이 부드러운
질감을 주는 고사리류로, 내
음성이 강하다.

★

아글라오네마

Aglaonema spp.

천 남 성 과

다양한 회녹색 무늬가 있는
연녹색 잎을 가진 식물로, 추
위에 약하다.

★

아라우카리아

Araucaria heterophylla

아 라 우 카 리 아 과

실내에서 기르는 침엽수로,
주간에서 직각으로 뻗은 단정
한 가지가 피라미드 수형을 이
루어 아름답다.

아스파라거스

Asparagus setaceus
(= *A. plumosus*)

백합과

수많은 작은 엽상경 조각들
이 부드러운 질감을 준다. 꽃
장식에서 자른 가지로도 많이
이용한다.

엽 란

Aspidistra elatior

백합과

꽃장식에서 자른 잎으로도
이용하는 강건한 식물로, 뿌
리줄기에서 짙은 녹색의 잎이
곧바로 올라온다.

금식나무

Aucuba japonica
cv. Variegata

층층나무과

광택있는 짙은 잎 가장자리
에 굵고 부드러운 톱니가 있
으며, 군데군데 노란색 반점
이 있다.

칼라데아 크로카타

Calathea crocata

마 란 타 과

잎의 앞면은 짙은 녹색이고 뒷면은 자주색이다. 꽃이 피면 화려한 노란색 포엽을 오랫동안 감상할 수 있다.

칼라데아 마코야나

Calathea makoyana

마 란 타 과

덩이줄기에서 올라온 달걀 모양 잎의 앞면에 주맥을 축으로 짙은 녹색 또는 암갈색의 반점이 있다.

러브체인

Ceropegia woodii

박 주 가 리 과

하트 모양의 두툼한 잎을 철사로 엮은 듯한 덩굴성 다육식물이다.

테이블야자

Chamaedorea elegans

야 자 과

테이블 위에서 야자수의 시
원한 수형을 감상할 수 있는
소형 야자류이다.

접 란

Chlorophytum comosum
cv. Vittatum

백 합 과

얇은 선형의 잎 중앙에 노
란 무늬가 있다. 보통 낮이 짧
아지면 포기에서 줄기가 나와
그 끝에 새로운 포기가 달려
아름답다.

아레카야자

Chrysalidocarpus lutescens

야 자 과

다른 야자류에 비하여 잎이
매우 부드러워 미풍에도 흔들
린다.

★

소 철

Cycas revoluta

소 철 과

광택있는 짙은 녹색의 작은 잎들이 촘촘히 붙어 부드럽게 늘어진 커다란 잎을 가지고 있다.

★

디펜바키아 트로픽스노우

Dieffenbachia amoena cv. Tropic Snow

천 남 성 과

조화같이 쭉 뻗은 줄기에서 올라온 시원스런 큰 잎의 가운데에 불규칙한 노란 무늬가 있다.

★

드라세나 와네키

Dracaena deremensis cv. Warneckii

용 설 란 과

뾰족한 선형의 잎 안쪽 주맥에 평행으로 흰 줄무늬가 뻗어있다.

드라세나 맛상게아나

★

Dracaena fragrans
cv. Massangeana Compacta

용 설 란 과

비교적 굵은 줄기 끝에 연
녹색 또는 노란색의 줄무늬가
있는 넓은 선형의 잎이 모여
있다.

개운죽

★

Dracaena sanderiana
cv. Virens

용 설 란 과

보통 연필처럼 생긴 나무토
막의 끝에 뾰족한 녹색의 잎
이 나온다.

관 엽 식 물

스킨답서스

★

Epipremnum aureum

천 남 성 과

짙푸른 잎에 노란 무늬가 듬
성듬성 있는 대표적인 덩굴성
관엽식물로, 주로 공중걸이 화
분으로 이용한다.

★

팔손이

Fatsia japonica

두릅나무과

마치 손가락처럼 7~11열로 깊게 갈라진 큰 잎을 가진 우리나라 자생의 늘푸른 작은 나무이다.

★

벤자민고무나무

Ficus benjamina

뽕나무과

끝이 날씬하게 뾰족 늘어진 광택있는 잎이 치밀한 가지에 빽빽히 달리는 나무이다.

★

데코라인도고무나무

Ficus elastica cv. Decora

뽕나무과

흔히 고무나무로 잘 알려진 대형 고무나무류로, 잎은 매우 크고 표면의 광택이 아름다운 나무이다.

아이비

Hedera helix

두릅나무과

보통 세 갈래로 깊게 갈라
진 잎을 가진 덩굴성 식물로,
다양한 잎 모양과 무늬를 가
진 품종들이 많이 있다.

켄챠야자

Howea forsterana

야자과

굵은 선이 있는 깃털 모
양의 큰 잎을 가진 야자류
로, 실내에서 많이 이용하
고 있다.

보스톤고사리

Nephrolepis exaltata
cv. Bostoniensis

고란초과

공중걸이 화분에 알맞은 소
형 고사리류로, 작은 잎이 달
린 잎자루가 부드럽게 늘어져
아름답다.

★

파키라

Pachira aquatica

파 키 라 과

피침형의 잎이 둥글게 모여 하나의 잎을 이루고 있다.

★

수박페페로미아

Peperomia argyreia

후 추 과

빨간 잎자루에 수박같이 흰 줄무늬가 있는 다육질의 잎을 가진 소형 관엽식물이다.

★

관음죽

Rhapis excelsa

야 자 과

부채살처럼 찢어진 잎을 가진 야자류로, 오래전부터 널리 이용하고 있다.

쉐플레라, 홍콩야자

Schefflera arboricola
cv. Hong Kong

두릅나무과

끝이 뭉툭한 타원형의 작은 잎
들이 둥글게 모여 하나의 잎을
이룬 대표적인 관엽식물이다.

녹영, 방울선인장

Senecio rowleyanus

국화과

잎이 마치 염주구슬처럼
생긴 덩굴성 다육식물이다.

싱고니움 픽시

Syngonium podophyllum
cv. Pixie

천남성과

화살촉 모양의 작은 잎 중
앙에 잎맥을 중심으로 불규칙
하게 노란 무늬가 있는 반덩
굴성 관엽식물이다.

★★

아스플레니움
아비스

Asplenium nidus cv. Avis

고 란 초 과

연녹색의 광택있는 잎이 아
름다운 고사리류이다.

★★

관엽베고니아

Begonia spp.

베 고 니 아 과

잎의 주맥을 따라 모양이 비
대칭적인 특징이 있는 식물로,
다양한 색과 모양을 가진 품
종이 많이 있다.

★★

칼라디움

Caladium spp.

천 남 성 과

화살촉 모양의 잎에 품종에
따라 흰색 또는 붉은색의 화
려한 무늬가 있다.

칼라데아 인시그니스

Calathea insignis

마 란 타 과

칼날과 같이 날렵한 잎의 앞면은 녹색 바탕에 짙은 녹색의 반점이 있고, 뒷면은 자주색이다.

칼라데아 제브리나

Calathea zebrina

마 란 타 과

연녹색 잎의 앞면에 주맥을 중심으로 얼룩말과 같은 짙은 녹색 무늬가 있다.

시서스

Cissus antarctica

포 도 과

공중걸이 화분에 알맞은 덩굴성 식물로, 성질은 포도와 유사하다.

★★

크로톤

Codiaeum variegatum

대극과

광택있는 짙은 녹색 바탕의 잎에 잎맥을 따라 노란색이나 붉은색 무늬가 특이한 질감을 준다.

★★

코르딜리네

Cordyline terminalis

용설란과

쭉 뻗은 줄기 윗부분에 뚜렷한 잎자루가 있는 긴 잎이 시원스럽게 펼쳐져 있다.

★★

골드크레스트

Cupressus macrocarpa cv. Gold Crest

측백나무과

노란 빛을 띤 연한 녹색의 잎을 가진 침엽수로, 밝은 실내에서 기를 수 있다.

디펜바키아
마리안느

★★

Dieffenbachia x
cv. Marianne

천남성과

부드러운 연녹색 잎의 중앙
에 선명한 흰색 무늬가 있는
소형종이다.

★★

디지고데카

Dizygotheca elegantissima

두릅나무과

얇은 톱니가 있는 선형의
작은 잎들이 둥글게 모여나
하나의 잎이 된 나무이다.

★★

드라세나 콘시나

Dracaena concinna

용설란과

쭉 뻗은 줄기의 끝부분에
뽀족한 선형의 잎이 모여 나
있는데, 가장자리에 얇고 붉
은 줄무늬가 있다.

★★

드라세나 레인보우

Dracaena concinna
cv. Tricolor Rainbow

용 설 란 과

끝부분이 뾰족한 선형의 잎
에 노란색, 붉은색, 녹색의 줄
무늬가 나란히 있다.

★★

드라세나
송오브인디아

Dracaena reflexa
cv. Song of India

용 설 란 과

뾰족한 선형의 잎 가장자리
에 굵은 노란색 줄무늬가 있
다. 다른 드라세나에 비하여
줄기의 밑에도 잎이 오랫동안
달려 있다.

★★

드라세나
산데리아나

Dracaena sanderiana

용 설 란 과

뾰족한 선형의 잎 가장자리
에 노란색 줄무늬가 있다. 잎
이 줄기를 넓게 둘러싸고 있
어 다른 품종과 구별된다.

왕모람

★★

Ficus pumila

뽕 나 무 과

다른 물체에 붙을 수 있는 부착근이 줄기에 발달하는 덩굴성 고무나무류이다.

대만고무나무

★★

Ficus retusa

뽕 나 무 과

벤자민고무나무에 비하여 잎이 두텁고, 끝이 다소 뭉툭한 잎을 가진 나무이다.

호 야

★★

Hoya carnosa cv. Variegata

박 주 가 리 과

왁스칠한 듯 윤기있는 두툼한 연녹색 계란형 잎 가장자리에 흰 무늬가 있는 덩굴식물이다.

★★

비로야자

Livistona chinensis

야자과

긴 잎자루에 달린 둥근 잎의 윗쪽이 부채살처럼 갈라진 야자류이다.

★★

마란타

Maranta leuconeura
var. *erythroneura*

마란타과

벨벳 질감의 잎 표면에 잎맥을 따라 붉은색 줄무늬가 있어 아름답다.

★★

몬스테라

Monstera deliciosa

천남성과

찢어진 잎 사이사이에 구멍이 나 있어 특이한 느낌을 주는 덩굴성 식물이다.

페페로미아 오브투시폴리아

★★

Peperomia obtusifolia

후 추 과

다육질인 짙은 녹색의 둥근 잎은 가장자리가 안쪽으로 다소 말려 주걱과 같은 모양을 하고 있다.

필로덴드론 셀로움

★★

Philodendron selloum

천 남 성 과

대형의 반덩굴성 식물로, 잎은 불규칙하고 깊게 갈라져 있다.

109
관 엽 식 물

필레아 카디에레이

★★

Pilea cadierei

후 추 과

잎 위쪽에 성긴 톱니가 있는 타원형 잎 표면에 규칙적인 은색 무늬가 있다.

★★

무늬산세비에리아

Sansevieria trifasciata
cv. Laurentii

용설란과

산세비에리아 원종 잎의 가
장자리에 노란색 줄무늬가 있
어 아름다운 품종이다.

★★

바위취

Saxifraga stolonifera

범의귀과

둥근 잎의 표면에 방사
상으로 하얀 줄무늬가 있
는 기는 줄기를 가진 자생
초본류이다.

★★

스파티필룸

Spathiphyllum spp.

천남성과

불꽃 모양의 화사한 순백색
포엽이 수직으로 뻗어나와 아
름답다.

트라데스칸티아

Tradescantia fluminensis
cv. Variegata

닭의장풀과

번식력이 왕성한 연녹색 잎
을 가진 덩굴성 식물로, 잎에
세로로 크림색 줄무늬가 있다.

★★

유 카

Yucca elephantipes

용설란과

굵은 줄기 윗부분에 빽빽
히 달린 뾰족한 가죽질의 잎
을 가진 강건한 식물이다.

★★

관엽식물

멕시코소철

Zamia pumila

멕시코소철과

소철과 유사한 덩이처럼
생긴 줄기에서 갈색 털로 덮
힌 단단한 가죽질 잎이 나
온다.

★★

★★★

에크메아

Aechmea fasciata

파 인 애 플 과

회녹색 잎의 중앙에서 올라
온 분홍색 포엽을 오랫동안 감
상할 수 있다.

★★★

알로카시아

Alocasia spp.

천 남 성 과

짧은 뿌리줄기에서 올라온
화살촉 모양의 커다란 잎을 가
진 식물로, 추위에 약하다.

★★★

아펠란드라

Aphelandra squarrosa

쥐 꼬 리 망 초 과

짙은 녹색 잎에 잎맥을 따
라 흰색 줄무늬가 있고, 줄기
끝에 피는 꽃의 노란색 포엽
이 아름답다.

★★★
무늬부겐빌레아

Bougainvillea glabra
cv. Variegata

분꽃과

원종은 화려한 선홍색의 꽃
이 피는 식물로, 본 품종은 잎
가장자리에 노란 무늬가 있어
아름답다.

★★★
공작야자

Caryota mitis

야자과

1m 이상의 큰 잎에 좌우
비대칭의 마름모꼴 소엽이
있다.

★★★
비젯티접란

Chlorophytum bichetii

백합과

얇은 선형의 잎 가장자리
에 얇은 흰줄 무늬가 있는
왜성종이다.

코르딜리네 레드에지

Cordyline terminalis
cv. Red Edge

용 설 란 과

녹색의 바탕 잎과 뚜렷이 대비되는 가장자리에 붉은 줄무늬가 있는 소형종이다.

★★★

크라슐라

Crassula argentea

돌 나 물 과

분재처럼 단아한 나무 모양을 한 두툼한 잎을 가진 다육식물이다.

★★★

방동사니시페루스

Cyperus alternifolius

사 초 과

물을 좋아하는 습생식물로, 긴 줄기 끝에 우산살 모양의 잎이 달린다.

★★★

드라세나 수클로사

Dracaena surculosa

용설란과

줄기는 매우 얇고 가늘며, 잎은 타원형으로 녹색 바탕에 흰 점이 들어가 있어 다른 드라세나와 뚜렷이 구별된다.

★★★

듀란타

Duranta repens cv. Lime

마편초과

윗부분에 굵은 톱니가 있는 노란색 타원형 잎을 가진 작은 나무이다.

★★★

유포르비아 트리고나

Euphorbia trigona

대극과

선인장처럼 삼각형의 줄기가 비대된 다육식물로, 연녹색의 무늬가 있는 줄기와 생장기에 나오는 잎을 감상한다.

★★★

팻츠헤데라

Fatshedea lizei

두릅나무과

다섯 갈래로 갈라진 잎을 가진 작은 나무로, 팔손이나무와 아이비의 속간 잡종이다.

★★★

떡갈잎고무나무

Ficus lyrata

뽕나무과

우리나라에 자생하는 떡갈나무와 비슷한 잎을 가진 고무나무류이다.

★★★

피토니아

Fittonia verschaffeltii var. *argyroneura* cv. Compacta

쥐꼬리망초과

잎 표면에 거미줄처럼 뻗은 흰 잎맥이 있는 반덩굴성 소형 식물이다.

★★★

구즈마니아

Guzmania cv. Rana

파 인 애 플 과

잎 가운데에서 시원하게 쭉
뻗은 붉은 꽃대와 포엽이 아
름답다.

★★★

카나리아이비

Hedera canariensis

두 릅 나 무 과

일반 아이비에 비하여 잎
이 대형이고, 부드럽게 세
갈래로 갈라져 질감이 부드
러운 덩굴성 식물이다.

★★★

호야 엑소티카

Hoya carnosa cv. Exotica

박 주 가 리 과

잎 중앙이 노란색이고 가
장자리가 녹색인 호야의 품
종으로, 빛이 충분한 곳에
서는 새로 나오는 잎이 붉
은 빛을 띤다.

★★★

히포에스테스

Hypoestes phyllostachya

쥐 꼬 리 망 초 과

녹색의 얇은 잎 전체에 고
루게 퍼져 있는 붉은색 또는
분홍색, 흰색 점무늬가 아름
답다.

★★★

페페로미아
푸테올라타

Peperomia puteolata

후 추 과

잎의 세로로 3~5개의 잎맥
이 도드라진 왜성 페페로미아
류이다.

★★★

필로덴드론 제나두

Philodendron cv. Xanadu

천 남 성 과

필로덴드론셀로움과 모양이
유사하나, 전체적으로 작고 긴
잎의 사이사이가 불규칙하게
찢어져 있다.

★★★
필레아 문벨리

Pilea mollis
cv. Moon Valley

후 추 과

잎 가장자리는 연한 녹색으
로 톱니가 있고 안쪽은 고동
색이다. 표면은 굴곡이 심해
음각의 질감을 준다.

★★★
박쥐란

Platycerium bifurcatum

고 란 초 과

마치 양배추와 같은 엽상
체 사이사이에서 사슴뿔같
이 생긴 엽상체가 나오는 착
생 고사리류이다.

★★★
(프)테리스

Pteris cretica
cv. Albolineata

고 란 초 과

긴 잎의 중앙에 흰 무늬
가 있는 고사리류로, 실내
장식용 소품으로 이용된다.

★★★

종려죽

Rhapis humilis

야 자 과

관음죽보다 잎이 좀더 얇고 길게 갈라져 있으며, 키도 커서 전체적으로 날씬한 느낌을 준다.

★★★

루모라고사리

Rumohra adiantiformis

고 란 초 과

광택이 뚜렷한 짙은 녹색의 잎이 아름다운 고사리류로, 내음성이 강하다.

★★★

산세비에리아

Sansevieria trifasciata

용 설 란 과

지하의 뿌리줄기에서 올라온 칼날같은 회녹색 잎에 가로로 짙은 녹색 무늬가 있어 마치 뱀무늬와 같다.

★★★

산세비에리아 하니

Sansevieria trifasciata
cv. Hahnii

용 설 란 과

산세비에리아 원종 잎과 무
늬는 같으나 잎 모양이 둥근
왜성 품종이다.

cv. Hahnii   cv. Golden Hahnii

★★★

백정화

Serissa foetida

꼭 두 서 니 과

광택있는 짙은 녹색 잎의
주맥과 가장자리를 따라 흰
색 무늬가 있는 작은 나무
이다.

★★★

제브리나

Zebrina pendula

닭 의 장 풀 과

두 갈래의 흰 무늬가 있
는 자주색 잎을 가진 덩굴
식물로, 생장이 왕성하고 꺾
꽂이로 쉽게 번식된다.

★★★★

알피니아

Alpinia zerumbet
cv. Variegata

생 강 과

뿌리줄기에서 올라온 크고
시원스런 잎에 노란 무늬가 들
어가 있다.

★★★★

커피나무

Coffea arabica

꼭 두 서 니 과

향기있는 흰 꽃과 함께 붉
은 열매, 광택있는 잎이 아름
답다.

★★★★

청자목

Excoecaria
cochinchinensis

대 극 과

잎의 앞면은 녹색이고, 뒷
면은 암갈색인 작은 나무이다.

★★★★

글레코마, 무늬병꽃풀

Glechoma hederacea
cv. Variegata

꿀 풀 과

둥근 잎의 가장자리에 둥근 톱니가 있는 소형 덩굴성 식물로, 공중걸이 화분에 적당하다.

★★★★

기누라

Gynura aurantiaca
cv. Sarmentosa

국 화 과

부드러운 자주색 솜털이 잎 표면에 돋아나 전체적으로 자주색 빛이 도는 덩굴성 식물이다.

★★★★

해마리아

Haemaria discolor

난 과

벨벳 질감의 검은색 잎 표면에 세로로 붉은색 줄무늬가 있다.

★★★★

이레시네

Iresine herbstii

비름과

반덩굴성 여러해살이 초화
로, 특이한 잎 모양과 색을 즐
기기 위해서 기른다.

★★★★

네오레겔리아

Neoregelia carolinae cv.

파인애플과

로제트상의 두꺼운 잎 가장
자리에 세로로 노란색 줄무늬
와 톱니가 있다. 잎이 모여난
가운데 부분은 붉은색을 띤다.

★★★★

페페로미아
클루시폴리아

Peperomia clusiifolia

후추과

타원형의 다육질 잎으로,
가장자리는 붉은 빛이 도는
페페로미아류이다.

필로덴드론 레몬라임

Philodendron
cv. Lemon Lime

천 남 성 과

잎은 두꺼운 선형으로 밝은
노란색을 띠는 아름다운 품종
이다.

무늬바위취

Saxifraga stolonifera
var. *tricolor*

범 의 귀 과

둥근 잎 가장자리에 노란
색, 핑크색 무늬가 들어간
품종으로, 생장력이 느리므
로 보통 작은 화분에서 아
담하게 기른다.

세네시오 라디칸스

Senecio radicans

국 화 과

잎이 마치 바나나와 같이
생긴 덩굴성 다육식물이다.

★★★★

솔레이롤리아, 베이비스티어

baby's - tears

Soleirolia soleirolii

쐐 기 풀 과

덩굴성인 줄기는 옆으로 자
라면서 뿌리를 낸다. 작고 둥
근 잎으로 토양을 푸르게 뒤
덮는 지피식물로 적당하다.

★★★★

톨미아, 피기백

piggyback plant

Tolmiea menziesii

범 의 귀 과

잎자루와 잎몸 사이에 어린
모종이 저절로 생기는 특이한
식물로, 토양을 푸르게 뒤덮
는 지피식물로 적당하다.

★★★★

브리시아

Vriesea splendens

파 인 애 플 과

짙은 로제트상 잎에 호랑이
무늬같은 암갈색 무늬가 가로
로 있다. 칼날같이 긴 붉은색
꽃대가 아름답다.

III 꽃나무

꽃이나 잎 또는 열매가 아름다워
정원에서 기르는 식물을 말한다.
개화기는 그 해의 기후나
장소에 따라 다소 다르므로
도심지의 햇빛이 잘 드는
곳에서는 좀더 빨리
피기도 한다.

일러두기

등급에 따라 일반명의 가나다 순으로 정리하였고, 「대한식물도감」(이창복)에 따라 일반명과 학명을 기록하였다. 관상부위가 꽃인 경우에는 개화기를 초봄(낙엽성에서 잎이 나오기 전에 꽃이 피는 경우), 봄, 여름, 가을, 겨울로 표시하였다.

★

가이즈까향나무

Juniperus chinensis
var. *kaizuka*

측 백 나 무 과

관 상 부 위	꽃	열매	잎	낙 엽 유 무	낙엽성	상록성
			✔			✔

성 상	침엽수	덩굴	관목	소교목	교목
	✔				

★

개나리

Forsythia koreana

물 푸 레 나 무 과

관 상 부 위	꽃	열매	잎	낙 엽 유 무	낙엽성	상록성
	초봄				✔	

성 상	침엽수	덩굴	관목	소교목	교목
			✔		

★

능소화

Campsis grandiflora

능 소 화 과

관 상 부 위	꽃	열매	잎	낙 엽 유 무	낙엽성	상록성
	여름				✔	

성 상	침엽수	덩굴	관목	소교목	교목
		✔			

단풍나무

Acer palmatum

단 풍 나 무 과

★

관상 부위	꽃	열매	잎	낙엽 유무	낙엽성	상록성
			✔		✔	

성 상	침엽수	덩굴	관목	소교목	교목
				✔	

동백나무

Camellia japonica

차 나 무 과

★

관상 부위	꽃	열매	잎	낙엽 유무	낙엽성	상록성
	겨울					✔

성 상	침엽수	덩굴	관목	소교목	교목
				✔	

등나무

Wisteria floribunda

콩 과

★

관상 부위	꽃	열매	잎	낙엽 유무	낙엽성	상록성
	봄				✔	

성 상	침엽수	덩굴	관목	소교목	교목
		✔			

★

라일락

Syringa vulgaris

물푸레나무과

관상 부위	꽃	열매	잎	낙엽 유무	낙엽성	상록성
	봄				✔	

성 상	침엽수	덩굴	관목	소교목	교목
			✔		

★

매화나무

Prunus mume

장미과

관상 부위	꽃	열매	잎	낙엽 유무	낙엽성	상록성
	초봄				✔	

성 상	침엽수	덩굴	관목	소교목	교목
				✔	

★

명자나무

Chaenomeles speciosa

장미과

관상 부위	꽃	열매	잎	낙엽 유무	낙엽성	상록성
	봄				✔	

성 상	침엽수	덩굴	관목	소교목	교목
				✔	

모과나무

Chaenomeles sinensis

장미과

관 상 부 위	꽃	열매	잎	낙 엽 유 무	낙엽성	상록성
	봄	✔			✔	

성 상	침엽수	덩굴	관목	소교목	교목
					✔

모 란

Paeonia suffruticosa

미나리아재비과

관 상 부 위	꽃	열매	잎	낙 엽 유 무	낙엽성	상록성
	봄				✔	

성 상	침엽수	덩굴	관목	소교목	교목
			✔		

무궁화

Hibiscus syriacus

아욱과

관 상 부 위	꽃	열매	잎	낙 엽 유 무	낙엽성	상록성
	여름				✔	

성 상	침엽수	덩굴	관목	소교목	교목
			✔		

★

박태기나무

Cercis chinensis

콩과

관상 부위	꽃	열매	잎	낙엽 유무	낙엽성	상록성
	봄				✔	

성 상	침엽수	덩굴	관목	소교목	교목
			✔		

★

배롱나무

Lagerstroemia indica

부처꽃과

관상 부위	꽃	열매	잎	낙엽 유무	낙엽성	상록성
	여름				✔	

성 상	침엽수	덩굴	관목	소교목	교목
				✔	

★

백목련

Magnolia denudata

목련과

관상 부위	꽃	열매	잎	낙엽 유무	낙엽성	상록성
	초봄				✔	

성 상	침엽수	덩굴	관목	소교목	교목
					✔

사철나무

Euonymus japonica

노박덩굴과

관상 부위	꽃	열매	잎	낙엽 유무	낙엽성	상록성
			✓			✓

성 상	침엽수	덩굴	관목	소교목	교목
			✓		

꽃 나 무

산사나무

Crataegus pinnatifida

장미과

관상 부위	꽃	열매	잎	낙엽 유무	낙엽성	상록성
	봄		✓		✓	

성 상	침엽수	덩굴	관목	소교목	교목
				✓	

산철쭉

Rhododendron yedoense
var. *poukhanense*

진달래과

관상 부위	꽃	열매	잎	낙엽 유무	낙엽성	상록성
	봄				✓	

성 상	침엽수	덩굴	관목	소교목	교목
			✓		

★

소나무

Pinus densiflora

소나무과

관상 부위	꽃	열매	잎	낙엽 유무	낙엽성	상록성
			✔			✔

성 상	침엽수	덩굴	관목	소교목	교목
	✔				

암꽃   수꽃

★

왕벚나무

Prunus yedoensis

장미과

관상 부위	꽃	열매	잎	낙엽 유무	낙엽성	상록성
	초봄				✔	

성 상	침엽수	덩굴	관목	소교목	교목
					✔

암꽃   수꽃

★

은행나무

Ginkgo biloba

은행나무과

관상 부위	꽃	열매	잎	낙엽 유무	낙엽성	상록성
			✔		✔	

성 상	침엽수	덩굴	관목	소교목	교목
	✔				

장 미

Rosa hybrida

장미과

관상 부위	꽃	열매	잎	낙 엽 유 무	낙엽성	상록성
	봄				✓	

성 상	침엽수	덩굴	관목	소교목	교목
			✓		

조팝나무

Spiraea prunifolia
var. *simpliciflora*

장미과

관상 부위	꽃	열매	잎	낙 엽 유 무	낙엽성	상록성
	초봄				✓	

성 상	침엽수	덩굴	관목	소교목	교목
			✓		

쥐똥나무

Ligustrum obtusifolium

물푸레나무과

관상 부위	꽃	열매	잎	낙 엽 유 무	낙엽성	상록성
			✓		✓	

성 상	침엽수	덩굴	관목	소교목	교목
			✓		

★

진달래

Rhododendron mucronulatum

진 달 래 과

관상 부위	꽃	열매	잎	낙엽 유무	낙엽성	상록성
	초봄				✔	

성 상	침엽수	덩굴	관목	소교목	교목
			✔		

★

찔레

Rosa multiflora

장 미 과

관상 부위	꽃	열매	잎	낙엽 유무	낙엽성	상록성
	봄				✔	

성 상	침엽수	덩굴	관목	소교목	교목
		✔			

★

치자나무

Gardenia jasminoides

꼭 두 서 니 과

관상 부위	꽃	열매	잎	낙엽 유무	낙엽성	상록성
	여름					✔

성 상	침엽수	덩굴	관목	소교목	교목
			✔		

피라칸사

Pyracantha angustifolia

장미과

관상 부위	꽃	열매	잎	낙엽 유무	낙엽성	상록성
		✔				✔

성 상	침엽수	덩굴	관목	소교목	교목
			✔		

향나무

Juniperus chinensis

측백나무과

관상 부위	꽃	열매	잎	낙엽 유무	낙엽성	상록성
			✔			✔

성 상	침엽수	덩굴	관목	소교목	교목
	✔				

회양목

*Buxus microphylla
var. koreana*

회양목과

관상 부위	꽃	열매	잎	낙엽 유무	낙엽성	상록성
			✔			✔

성 상	침엽수	덩굴	관목	소교목	교목
			✔		

★★

감나무

Diospyros kaki

감 나 무 과

관상부위	꽃	열매	잎	낙엽유무	낙엽성	상록성
		✔			✔	

성상	침엽수	덩굴	관목	소교목	교목
					✔

★★

구상나무

Abies koreana

소 나 무 과

관상부위	꽃	열매	잎	낙엽유무	낙엽성	상록성
			✔			✔

성상	침엽수	덩굴	관목	소교목	교목
	✔				

★★

눈향나무

Juniperus chinensis
var. sargentii

측 백 나 무 과

관상부위	꽃	열매	잎	낙엽유무	낙엽성	상록성
			✔			✔

성상	침엽수	덩굴	관목	소교목	교목
	✔				

느티나무 ★★

Zelkova serrata

느릅나무과

관상 부위	꽃	열매	잎	낙엽 유무	낙엽성	상록성
			✔		✔	

성 상	침엽수	덩굴	관목	소교목	교목
					✔

꽃나무

담쟁이덩굴 ★★

Parthenocissus tricuspidata

포도과

관상 부위	꽃	열매	잎	낙엽 유무	낙엽성	상록성
			✔		✔	

성 상	침엽수	덩굴	관목	소교목	교목
		✔			

유년상 잎   성년상 잎

대추나무 ★★

Ziziphus jujuba

갈매나무과

관상 부위	꽃	열매	잎	낙엽 유무	낙엽성	상록성
		✔			✔	

성 상	침엽수	덩굴	관목	소교목	교목
				✔	

메타세콰이어

Metasequoia glyptostroboides

낙우송과

관상 부위	꽃	열매	잎	낙엽 유무	낙엽성	상록성
			✔		✔	

성 상	침엽수	덩굴	관목	소교목	교목
	✔				

★★

반 송

Pinus densiflora
cv. Multicaulis

소 나 무 과

관상 부위	꽃	열매	잎	낙엽 유무	낙엽성	상록성
			✔			✔

성 상	침엽수	덩굴	관목	소교목	교목
	✔				

★★

벽오동

Firmiana simplex

벽 오 동 과

관상 부위	꽃	열매	줄기	낙엽 유무	낙엽성	상록성
			✔		✔	

성 상	침엽수	덩굴	관목	소교목	교목
					✔

붉은병꽃나무 ★★

Weigela florida cv.

인동과

관상 부위	꽃	열매	잎	낙엽 유무	낙엽성	상록성
	봄				✓	

성 상	침엽수	덩굴	관목	소교목	교목
			✓		

산수유 ★★

Cornus officinalis

층 층 나 무 과

관상 부위	꽃	열매	잎	낙엽 유무	낙엽성	상록성
	초봄	✓			✓	

성 상	침엽수	덩굴	관목	소교목	교목
				✓	

섬잣나무 ★★

Pinus parviflora

소 나 무 과

관상 부위	꽃	열매	잎	낙엽 유무	낙엽성	상록성
			✓			✓

성 상	침엽수	덩굴	관목	소교목	교목
	✓				

★ ★

실화백

Chamaecyparis pisifera
cv. Filifera

측백나무과

관상 부위	꽃	열매	잎	낙엽 유무	낙엽성	상록성
			✔			✔

성 상	침엽수	덩굴	관목	소교목	교목
	✔				

★ ★

아까시나무

Robinia pseudoacacia

콩 과

관상 부위	꽃	열매	잎	낙엽 유무	낙엽성	상록성
	봄				✔	

성 상	침엽수	덩굴	관목	소교목	교목
					✔

★ ★

양버즘나무, 플라타너스

Platanus occidentalis

버즘나무과

관상 부위	꽃	열매	잎	낙엽 유무	낙엽성	상록성
			✔		✔	

성 상	침엽수	덩굴	관목	소교목	교목
					✔

옥 향

★★

Juniperus chinensis
var. *globosa*

측 백 나 무 과

관상 부위	꽃	열매	잎	낙 엽 유 무	낙엽성	상록성
			✔			✔

성 상	침엽수	덩굴	관목	소교목	교목
	✔				

인동덩굴

★★

Lonicera japonica

인 동 과

관상 부위	꽃	열매	잎	낙 엽 유 무	낙엽성	상록성
	여름					✔

성 상	침엽수	덩굴	관목	소교목	교목
		✔			

유년상 잎   성년상 잎

일본목련

★★

Magnolia obovata

목 련 과

관상 부위	꽃	열매	잎	낙 엽 유 무	낙엽성	상록성
	봄				✔	

성 상	침엽수	덩굴	관목	소교목	교목
					✔

★★

자귀나무

Albizia julibrissin

콩 과

관상 부위	꽃	열매	잎	낙엽 유무	낙엽성	상록성
	여름				✔	

성 상	침엽수	덩굴	관목	소교목	교목
				✔	

★★

잣나무

Pinus koraiensis

소 나 무 과

관상 부위	꽃	열매	잎	낙엽 유무	낙엽성	상록성
			✔			✔

성 상	침엽수	덩굴	관목	소교목	교목
	✔				

★★

젓나무

Abies holophylla

소 나 무 과

관상 부위	꽃	열매	잎	낙엽 유무	낙엽성	상록성
			✔			✔

성 상	침엽수	덩굴	관목	소교목	교목
	✔				

주 목

★★

Taxus cuspidata

주 목 과

관상 부위	꽃	열매	잎	낙엽 유무	낙엽성	상록성
			✔			✔

성 상	침엽수	덩굴	관목	소교목	교목
	✔				

암꽃   수꽃

꽃나무

죽단화

★★

Kerria japonica for. *plena*

장 미 과

관상 부위	꽃	열매	잎	낙엽 유무	낙엽성	상록성
	봄				✔	

성 상	침엽수	덩굴	관목	소교목	교목
			✔		

철 쭉

★★

Rhododendron schlippenbachii

진 달 래 과

관상 부위	꽃	열매	잎	낙엽 유무	낙엽성	상록성
	봄				✔	

성 상	침엽수	덩굴	관목	소교목	교목
			✔		

★★

측백나무

Thuja orientalis

측 백 나 무 과

관상 부위	꽃	열매	잎	낙엽 유무	낙엽성	상록성
			✔			✔

성 상	침엽수	덩굴	관목	소교목	교목
	✔				

★★

칠엽수

Aesculus turbinata

칠 엽 수 과

관상 부위	꽃	열매	잎	낙엽 유무	낙엽성	상록성
			✔		✔	

성 상	침엽수	덩굴	관목	소교목	교목
					✔

★★

호랑가시나무

Ilex cornuta

감 탕 나 무 과

관상 부위	꽃	열매	잎	낙엽 유무	낙엽성	상록성
		✔	✔			✔

성 상	침엽수	덩굴	관목	소교목	교목
			✔		

화살나무

Euonymus alatus

노박덩굴과

관상 부위	꽃	열매	줄기	낙엽 유무	낙엽성	상록성
			✔		✔	

성 상	침엽수	덩굴	관목	소교목	교목
			✔		

황매화

Kerria japonica

장미과

관상 부위	꽃	열매	잎	낙엽 유무	낙엽성	상록성
	봄				✔	

성 상	침엽수	덩굴	관목	소교목	교목
			✔		

히말라야시더

Cedrus deodara

소나무과

관상 부위	꽃	열매	잎	낙엽 유무	낙엽성	상록성
			✔			✔

성 상	침엽수	덩굴	관목	소교목	교목
	✔				

★★★

가중나무

Ailanthus altissima

소 태 나 무 과

관상 부위	꽃	열매	잎	낙엽 유무	낙엽성	상록성
			✔		✔	

성 상	침엽수	덩굴	관목	소교목	교목
					✔

★★★

곰 솔

Pinus thunbergii

소 나 무 과

관상 부위	꽃	열매	잎	낙엽 유무	낙엽성	상록성
			✔			✔

성 상	침엽수	덩굴	관목	소교목	교목
	✔				

★★★

괴불나무

Lonicera maackii

인 동 과

관상 부위	꽃	열매	잎	낙엽 유무	낙엽성	상록성
	봄	✔			✔	

성 상	침엽수	덩굴	관목	소교목	교목
			✔		

국수나무 ★★★

Stephanandra incisa

장미과

관 상 부 위	꽃	열매	잎	낙 엽 유 무	낙엽성	상록성
			✔		✔	

성 상	침엽수	덩굴	관목	소교목	교목
			✔		

굴거리나무 ★★★

Daphniphyllum macropodum

대극과

관 상 부 위	꽃	열매	잎	낙 엽 유 무	낙엽성	상록성
			✔			✔

성 상	침엽수	덩굴	관목	소교목	교목
				✔	

금목서 ★★★

Osmanthus fragrans
var. *aurantiacus*

물푸레나무과

관 상 부 위	꽃	열매	잎	낙 엽 유 무	낙엽성	상록성
	가을					✔

성 상	침엽수	덩굴	관목	소교목	교목
			✔		

★★★

꽝꽝나무

Ilex crenata

감탕나무과

관상 부위	꽃	열매	잎	낙엽 유무	낙엽성	상록성
			✓			✓

성 상	침엽수	덩굴	관목	소교목	교목
			✓		

★★★

느릅나무

Ulmus davidiana
var. *japonica*

느릅나무과

관상 부위	꽃	열매	잎	낙엽 유무	낙엽성	상록성
			✓		✓	

성 상	침엽수	덩굴	관목	소교목	교목
					✓

★★★

독일가문비나무

Picea abies

소나무과

관상 부위	꽃	열매	잎	낙엽 유무	낙엽성	상록성
			✓			✓

성 상	침엽수	덩굴	관목	소교목	교목
	✓				

★★★

돈나무

Pittosporum tobira

돈 나 무 과

관 상 부 위	꽃	열매	잎	낙 엽 유 무	낙엽성	상록성
	봄		✔			✔

성 상	침엽수	덩굴	관목	소교목	교목
			✔		

★★★

리기다소나무

Pinus rigida

소 나 무 과

관 상 부 위	꽃	열매	잎	낙 엽 유 무	낙엽성	상록성
			✔			✔

성 상	침엽수	덩굴	관목	소교목	교목
	✔				

★★★

마가목

Sorbus commixta

장 미 과

관 상 부 위	꽃	열매	잎	낙 엽 유 무	낙엽성	상록성
		✔			✔	

성 상	침엽수	덩굴	관목	소교목	교목
				✔	

미국산딸나무

Cornus florida

층 층 나 무 과

관상 부위	꽃	열매	잎	낙엽 유무	낙엽성	상록성
	봄				✔	

성 상	침엽수	덩굴	관목	소교목	교목
				✔	

★★★

미선나무

Abeliophyllum distichum

물 푸 레 나 무 과

관상 부위	꽃	열매	잎	낙엽 유무	낙엽성	상록성
	초봄				✔	

성 상	침엽수	덩굴	관목	소교목	교목
			✔		

★★★

백 송

Pinus bungeana

소 나 무 과

관상 부위	꽃	열매	잎	낙엽 유무	낙엽성	상록성
			✔			✔

성 상	침엽수	덩굴	관목	소교목	교목
	✔				

복사꽃

★★★

Prunus persica

장미과

관상부위	꽃	열매	잎	낙엽유무	낙엽성	상록성
	초봄 ✔				✔	

성상	침엽수	덩굴	관목	소교목	교목
				✔	

불두화

★★★

Viburnum sargentii
for. *sterile*

인동과

관상부위	꽃	열매	잎	낙엽유무	낙엽성	상록성
	봄				✔	

성상	침엽수	덩굴	관목	소교목	교목
			✔		

사스레피나무

★★★

Eurya japonica

차나무과

관상부위	꽃	열매	잎	낙엽유무	낙엽성	상록성
			✔			✔

성상	침엽수	덩굴	관목	소교목	교목
			✔		

★★★

산딸나무

Cornus kousa

층층나무과

관상 부위	꽃	열매	잎	낙엽 유무	낙엽성	상록성
	봄				✔	

성 상	침엽수	덩굴	관목	소교목	교목
				✔	

★★★

살구나무

Prunus armeriaca var. *ansu*

장미과

관상 부위	꽃	열매	잎	낙엽 유무	낙엽성	상록성
	초봄	✔			✔	

성 상	침엽수	덩굴	관목	소교목	교목
				✔	

★★★

서 향

Daphne odora

팥꽃나무과

관상 부위	꽃	열매	잎	낙엽 유무	낙엽성	상록성
	초봄					✔

성 상	침엽수	덩굴	관목	소교목	교목
		✔			

석 류 ★★★

Punica granatum

석류과

관상 부위	꽃	열매	잎	낙엽 유무	낙엽성	상록성
	봄	✔			✔	

성 상	침엽수	덩굴	관목	소교목	교목
				✔	

송 악 ★★★

Hedera rhombea

두 릅 나 무 과

관상 부위	꽃	열매	잎	낙엽 유무	낙엽성	상록성
			✔			✔

성 상	침엽수	덩굴	관목	소교목	교목
		✔			

→ 성년상 잎

스트로부스잣나무 ★★★

Pinus strobus

소 나 무 과

관상 부위	꽃	열매	잎	낙엽 유무	낙엽성	상록성
			✔			✔

성 상	침엽수	덩굴	관목	소교목	교목
	✔				

★★★

아왜나무

Viburnum awabuki

인동과

관상 부위	꽃	열매	잎	낙엽 유무	낙엽성	상록성
			✔			✔

성 상	침엽수	덩굴	관목	소교목	교목
				✔	

★★★

앵두나무

Prunus tomentosa

장미과

관상 부위	꽃	열매	잎	낙엽 유무	낙엽성	상록성
	초봄	✔			✔	

성 상	침엽수	덩굴	관목	소교목	교목
			✔		

★★★

우묵사스레피나무

Eurya emarginata

차나무과

관상 부위	꽃	열매	잎	낙엽 유무	낙엽성	상록성
			✔			✔

성 상	침엽수	덩굴	관목	소교목	교목
			✔		

튤립나무
★★★

Liriodendron tulipifera

목련과

관상 부위	꽃	열매	잎	낙엽 유무	낙엽성	상록성
	봄		✔		✔	

성 상	침엽수	덩굴	관목	소교목	교목
					✔

협죽도
★★★

Nerium indicum

협죽도과

관상 부위	꽃	열매	잎	낙엽 유무	낙엽성	상록성
	여름					✔

성 상	침엽수	덩굴	관목	소교목	교목
			✔		

회화나무
★★★

Sophora japonica

콩과

관상 부위	꽃	열매	잎	낙엽 유무	낙엽성	상록성
	여름		✔		✔	

성 상	침엽수	덩굴	관목	소교목	교목
					✔

★★★★

개오동

Catalpa ovata

능 소 화 과

관상 부위	꽃	열매	잎	낙엽 유무	낙엽성	상록성
	여름				✓	

성 상	침엽수	덩굴	관목	소교목	교목
					✓

★★★★

계수나무

Cercidiphyllum japonicum

계 수 나 무 과

관상 부위	꽃	열매	잎	낙엽 유무	낙엽성	상록성
			✓		✓	

성 상	침엽수	덩굴	관목	소교목	교목
					✓

★★★★

광나무

Ligustrum japonicum

물 푸 레 나 무 과

관상 부위	꽃	열매	잎	낙엽 유무	낙엽성	상록성
			✓			✓

성 상	침엽수	덩굴	관목	소교목	교목
			✓		

귀룽나무

Prunus padus

장 미 과

관상 부위	꽃	열매	잎	낙 엽 유 무	낙엽성	상록성
	봄		✓		✓	

성 상	침엽수	덩굴	관목	소교목	교목
					✓

금 송

Sciadopitys verticillata

낙 우 송 과

관상 부위	꽃	열매	잎	낙 엽 유 무	낙엽성	상록성
			✓			✓

성 상	침엽수	덩굴	관목	소교목	교목
	✓				

꽃댕강나무

Abelia grandiflora

인 동 과

관상 부위	꽃	열매	잎	낙 엽 유 무	낙엽성	상록성
	여름					✓

성 상	침엽수	덩굴	관목	소교목	교목
			✓		

★★★★

낙우송

Taxodium distichum

낙 우 송 과

관상 부위	꽃	열매	잎	낙 엽 유 무	낙엽성	상록성
			✔		✔	

성 상	침엽수	덩굴	관목	소교목	교목
	✔				

★★★★

녹나무

Cinnamomum camphora

녹 나 무 과

관상 부위	꽃	열매	잎	낙 엽 유 무	낙엽성	상록성
			✔			✔

성 상	침엽수	덩굴	관목	소교목	교목
					✔

★★★★

누리장나무

Clerodendron trichotomum

마 편 초 과

관상 부위	꽃	열매	잎	낙 엽 유 무	낙엽성	상록성
	여름		✔		✔	

성 상	침엽수	덩굴	관목	소교목	교목
			✔		

담팔수

★★★★

Elaeocarpus sylvestris
var. *ellipticus*

담팔수과

관상 부위	꽃	열매	잎	낙엽 유무	낙엽성	상록성
			✔			✔

성 상	침엽수	덩굴	관목	소교목	교목
					✔

딱총나무

★★★★

Sambucus williamsii
var. *coreana*

인동과

관상 부위	꽃	열매	잎	낙엽 유무	낙엽성	상록성
		✔			✔	

성 상	침엽수	덩굴	관목	소교목	교목
			✔		

매자나무

★★★★

Berberis koreana

매자나무과

관상 부위	꽃	열매	잎	낙엽 유무	낙엽성	상록성
	봄				✔	

성 상	침엽수	덩굴	관목	소교목	교목
			✔		

암꽃　　　　　수꽃

★★★★

먼나무

Ilex rotunda

감탕나무과

관상 부위	꽃	열매	잎	낙엽 유무	낙엽성	상록성
		✔				✔

성 상	침엽수	덩굴	관목	소교목	교목
					✔

★★★★

멀 꿀

Stauntonia hexaphylla

으름덩굴과

관상 부위	꽃	열매	잎	낙엽 유무	낙엽성	상록성
	봄					✔

성 상	침엽수	덩굴	관목	소교목	교목
		✔			

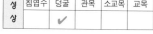

★★★★

모감주나무

Koelreuteria paniculata

무환자나무과

관상 부위	꽃	열매	잎	낙엽 유무	낙엽성	상록성
	여름		✔		✔	

성 상	침엽수	덩굴	관목	소교목	교목
				✔	

★★★★

목 련

Magnolia kobus

목련과

관상 부위	꽃	열매	잎	낙엽 유무	낙엽성	상록성
	초봄				✓	

성 상	침엽수	덩굴	관목	소교목	교목
					✓

★★★★

미국풍나무

Liquidambar stryciflua

조 록 나 무 과

관상 부위	꽃	열매	잎	낙엽 유무	낙엽성	상록성
			✓		✓	

성 상	침엽수	덩굴	관목	소교목	교목
					✓

★★★★

벚나무

Prunus serrulata

var. *spontanea*

장 미 과

관상 부위	꽃	열매	잎	낙엽 유무	낙엽성	상록성
	초봄				✓	

성 상	침엽수	덩굴	관목	소교목	교목
					✓

★★★★

병아리꽃나무

Rhodotypos scandens

장미과

관상 부위	꽃	열매	잎	낙엽 유무	낙엽성	상록성
	봄				✔	

성 상	침엽수	덩굴	관목	소교목	교목
			✔		

★★★★

분꽃나무

Viburnum carlesii

인동과

관상 부위	꽃	열매	잎	낙엽 유무	낙엽성	상록성
	봄				✔	

성 상	침엽수	덩굴	관목	소교목	교목
			✔		

★★★★

비자나무

Torreya nucifera

주목과

관상 부위	꽃	열매	잎	낙엽 유무	낙엽성	상록성
			✔			✔

성 상	침엽수	덩굴	관목	소교목	교목
	✔				

★★★★

비파나무

Eriobotrya japonica

장미과

관상 부위	꽃	열매	잎	낙엽 유무	낙엽성	상록성
		✓				✓

성 상	침엽수	덩굴	관목	소교목	교목
				✓	

★★★★

산수국

Hydrangea serrata
for. *acuminata*

범의귀과

관상 부위	꽃	열매	잎	낙엽 유무	낙엽성	상록성
	여름				✓	

성 상	침엽수	덩굴	관목	소교목	교목
			✓		

★★★★

생강나무

Lindera obtusiloba

녹나무과

관상 부위	꽃	열매	잎	낙엽 유무	낙엽성	상록성
	초봄		✓		✓	

성 상	침엽수	덩굴	관목	소교목	교목
				✓	

순비기나무

Vitex rotundifolia

마편초과

관상 부위	꽃	열매	잎	낙엽 유무	낙엽성	상록성
	여름					✔

성 상	침엽수	덩굴	관목	소교목	교목
			✔		

★★★★

안개나무

Cotinus coggygria

옻나무과

관상 부위	꽃	열매	잎	낙엽 유무	낙엽성	상록성
	여름				✔	

성 상	침엽수	덩굴	관목	소교목	교목
			✔		

★★★★

영춘화

Jasminum nudiflorum

물푸레나무과

관상 부위	꽃	열매	잎	낙엽 유무	낙엽성	상록성
	초봄				✔	

성 상	침엽수	덩굴	관목	소교목	교목
			✔		

★★★★

음나무

Kalopanax pictus

두릅나무과

관상 부위	꽃	열매	잎	낙엽 유무	낙엽성	상록성
			✔		✔	

성 상	침엽수	덩굴	관목	소교목	교목
					✔

167

★★★★

자작나무

Betula platyphylla
var. japonica

자작나무과

관상 부위	꽃	열매	줄기	낙엽 유무	낙엽성	상록성
			✔		✔	

성 상	침엽수	덩굴	관목	소교목	교목
					✔

★★★★

좀작살나무

Callicarpa dichotoma

마편초과

관상 부위	꽃	열매	잎	낙엽 유무	낙엽성	상록성
		✔			✔	

성 상	침엽수	덩굴	관목	소교목	교목
			✔		

★★★★

중국단풍

Acer buergerianum

단풍나무과

관상 부위	꽃	열매	잎	낙엽 유무	낙엽성	상록성
			✔		✔	

성 상	침엽수	덩굴	관목	소교목	교목
					✔

★★★★

층꽃나무

Caryopteris incana

마편초과

관상 부위	꽃	열매	잎	낙엽 유무	낙엽성	상록성
	여름				✔	

성 상	침엽수	덩굴	관목	소교목	교목
			✔		

★★★★

층층나무

Cornus controversa

층층나무과

관상 부위	꽃	열매	잎	낙엽 유무	낙엽성	상록성
			✔		✔	

성 상	침엽수	덩굴	관목	소교목	교목
					✔

★★★★

태산목

Magnolia grandiflora

목련과

관상 부위	꽃	열매	잎	낙엽 유무	낙엽성	상록성
	봄		✔			✔

성상	침엽수	덩굴	관목	소교목	교목
					✔

★★★★

탱자나무

Poncirus trifoliata

운향과

관상 부위	꽃	열매	줄기	낙엽 유무	낙엽성	상록성
		✔	✔		✔	

성상	침엽수	덩굴	관목	소교목	교목
			✔		

★★★★

풍년화

Hamamelis japonica

조록나무과

관상 부위	꽃	열매	잎	낙엽 유무	낙엽성	상록성
	초봄				✔	

성상	침엽수	덩굴	관목	소교목	교목
			✔		

★★★★

피나무

Tilia amurensis

피 나 무 과

관상 부위	꽃	열매	잎	낙엽 유무	낙엽성	상록성
			✔		✔	

성 상	침엽수	덩굴	관목	소교목	교목
					✔

★★★★

함박꽃나무

Magnolia sieboldii

목 련 과

관상 부위	꽃	열매	잎	낙엽 유무	낙엽성	상록성
	여름				✔	

성 상	침엽수	덩굴	관목	소교목	교목
				✔	

★★★★

해당화

Rosa rugosa

장 미 과

관상 부위	꽃	열매	잎	낙엽 유무	낙엽성	상록성
	봄				✔	

성 상	침엽수	덩굴	관목	소교목	교목
			✔		

★★★★

홍가시나무

Photinia glabra

장미과

관상 부위	꽃	열매	잎	낙엽 유무	낙엽성	상록성
			✔			✔

성 상	침엽수	덩굴	관목	소교목	교목
				✔	

★★★★

흰말채나무

Cornus alba

층 층 나 무 과

관상 부위	꽃	열매	줄기	낙엽 유무	낙엽성	상록성
			✔		✔	

성 상	침엽수	덩굴	관목	소교목	교목
			✔		

★★★★

히어리

Corylopsis coreana

조 록 나 무 과

관상 부위	꽃	열매	잎	낙엽 유무	낙엽성	상록성
	초봄				✔	

성 상	침엽수	덩굴	관목	소교목	교목
			✔		

숲
속
의

산
책

도토리, 밤나무 열매, 병꽃나무 가지 및 열매, 무궁화 씨앗

IV 야생화

우리나라에 자생하거나 야생하고 있는
친근한 초본 식물로,
주로 아름다운 꽃이나 잎이
관상가치가 있는 식물을
중심으로 묶었다.
개화기는 그 해의 기후나
장소나 따라 다르기도 하며
도심지의 햇빛이 잘 드는
곳에서는 빨리 필 수도 있다.

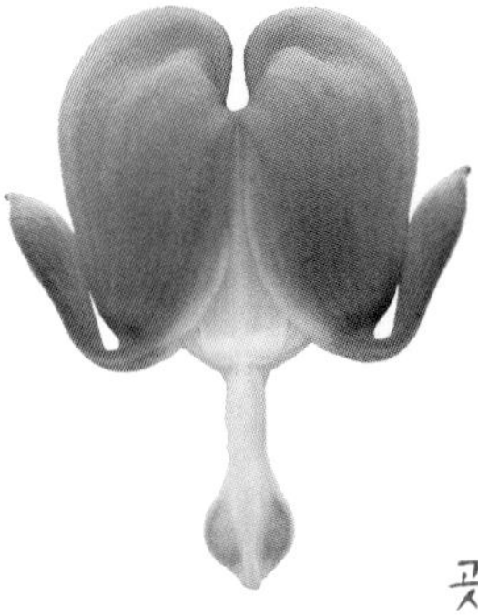

일러두기

일반명과 학명, 사진에 대한 설명은 「대한식물도감」 (이창복)과 「한국식물도감」 (이영노)에 준하였고, 등급에 따라 일반명의 가나다 순으로 정리하였다.

★

개망초

Erigeron annuus

국 화 과

북아메리카에서 들어온 두
해살이 잡초로, 보통 6~7월
에 꽃이 핀다.

★

구절초

Chrysanthemum zawadskii
var. *latilobum*

국 화 과

땅속줄기가 있는 여러해살
이풀로, 9~10월에 흰색 또
는 연분홍색의 꽃이 핀다.

★

꿀 풀

Prunella vulgaris
var. *lilacina*

꿀 풀 과

양지에서 흔히 자라는 여러
해살이풀로, 5~7월에 연한 보
라색의 꽃이 핀다.

노루귀

Hepatica asiatica

미나리아재비과

숲속에서 자라는 여러해살
이풀로, 뿌리줄기가 있으며, 4
월에 잎이 나오기 전 흰색이
나 연분홍색 꽃이 핀다.

달맞이꽃

Oenothera odorata

바늘꽃과

남아메리카 원산의 두해살
이풀로, 번식력이 왕성하여 전
국 곳곳에서 보이며 여름철에
노란색의 꽃이 핀다.

닭의장풀

Commelina communis

닭의장풀과

주변에서 흔히 자라는 일년
생잡초로, 여름철에 청색의 꽃
이 핀다.

★

돌단풍

Aceriphyllum rossii

범의귀과

중부지방의 냇가나 바위 틈
에서 자라는 여러해살이풀로,
5월에 흰색의 꽃이 핀다.

★

매발톱꽃

Aquilegia buergeriana
var. *oxysepala*

미나리아재비과

햇빛이 잘 드는 계곡에
서 자라는 여러해살이풀
로, 6~7월에 자주색의 꽃
이 핀다.

★

맥문동

Liriope platyphylla

백합과

산지의 나무 그늘에서 자라
는 여러해살이풀로, 뿌리줄기
가 발달해 있으며, 여름에 보
라색의 꽃이 핀다.

메 꽃

Calystegia japonica

메꽃과

들에서 흔히 자라는 여러해
살이풀로, 땅속줄기가 사방으
로 뻗으면서 자라는 덩굴식물
이다. 6~8월에 분홍색의 꽃
이 핀다.

복주머니꽃

Cypripedium macranthum

난과

산 기슭의 그늘이나 산 위
의 양지에서 자라는 여러해살
이풀로, 뿌리줄기가 있으며,
5~7월에 연분홍색의 꽃이 핀
다.

붓 꽃

Iris sanguinea

붓꽃과

여러해살이풀로 뿌리줄기가
발달해 있으며, 5~6월에 보
라색의 꽃이 핀다.

★

술패랭이꽃

Dianthus superbus
var. *longicalycinus*

석죽과

깊은 산 계곡의 냇가에서 자
라는 여러해살이풀로, 7~8월
에 연분홍색의 꽃이 핀다.

★

앵 초

Primula sieboldii

앵초과

냇가 근처와 같은 습지에서
자라는 여러해살이풀로, 4월
에 분홍색의 꽃이 핀다.

★

제비꽃

Viola mandshurica

제비꽃과

양지에서 흔히 자라는 여러
해살이풀로, 4~5월에 잎 사
이에서 꽃대가 올라와 보라색
의 꽃이 핀다.

참나리

Lilium tigrinum

백합과

산야에서 자라는 여러해살이풀로, 7~8월에 주황색 바탕에 검은 점이 있는 꽃이 핀다.

초롱꽃

Campanula punctata

초롱꽃과

풀밭에서 자라는 여러해살이풀로, 6~8월에 흰색 또는 연한 홍자색의 꽃이 핀다.

  야 생 화

패랭이꽃

Dianthus chinensis

석죽과

낮은 지대의 건조한 곳이나 냇가 모래땅에서 자라는 여러해살이풀로, 6~8월에 자주색의 꽃이 핀다.

★

하늘매발톱

Aquilegia flabellata
var. *pumila*

미나리아재비과

북부지방의 고산지대에서 자라는 여러해살이풀로, 최근 많이 심고 있으며 봄에 하늘색의 꽃이 핀다.

★

할미꽃

Pulsatilla koreana

미나리아재비과

햇빛이 잘 드는 건조지대에서 자라는 여러해살이풀로, 4월에 흰색 털이 밀생한 적자색의 꽃(원래는 꽃받침잎)이 핀다.

★★

개미취

Aster tataricus

국화과

심산지역의 습지에서 자라는 여러해살이풀로, 9~10월에 꽃이 핀다.

금불초 ★★

Inula britannica
var. *chinensis*

국 화 과

습지에서 자라는 여러해살이
풀로, 7~9월 설상화와 통상
화 형태의 노란색 꽃이 핀다.

금붓꽃 ★★

Iris savatieri

붓 꽃 과

중부지방의 산록 양지에서
자라는 뿌리줄기를 가진 여러
해살이풀로, 4~5월에 노란색
의 꽃이 핀다.

기린초 ★★

Sedum kamtschaticum

돌 나 물 과

산지의 바위에 붙어서 자라
는 여러해살이풀로, 6~7월에
노란색의 꽃이 핀다.

★★

꽃창포

Iris ensata var. *spontanea*

붓 꽃 과

산야의 습지에서 자라는 여러해살이풀로, 6~7월에 짙은 보라색의 꽃이 핀다.

★★

노루오줌

Astilbe chinensis
var. *davidii*

범 의 귀 과

산지의 시냇가 또는 습지 근처에서 흔히 자라는 여러해살이풀로, 6~8월에 연한 분홍색의 꽃이 핀다.

★★

동의나물

Caltha palustris
var. *membranacea*

미 나 리 아 재 비 과

산중의 습지에서 자라는 여러해살이풀로, 뿌리줄기가 있으며, 4~5월에 노란색의 꽃이 핀다.

동자꽃

★★

Lychnis cognata

석죽과

깊은 산 숲속이나 높은 산의 초원에서 자라는 여러해살이풀로, 7~8월에 주황색의 꽃이 핀다.

둥굴레

★★

Polygonatum odoratum
var. *pluriflorum*

백합과

산야에서 자라는 여러해살이풀로, 다육질의 뿌리줄기가 있으며, 봄철 흰색 바탕에 끝이 녹색인 꽃이 핀다.

물레나물

★★

Hypericum ascyron

물레나물과

전국의 산지에서 자라는 여러해살이풀로, 6~8월에 바람개비 모양의 노란색 꽃이 핀다.

★★

미역취

Solidago virga-aurea
var. *asiatica*

국화과

산야에서 흔히 자라는 여러
해살이풀로, 가을철에 노란색
의 작은 꽃이 핀다.

★★

벌개미취

Aster koraiensis

국화과

습지에서 자라는 여러해살
이풀로, 뿌리줄기가 발달해 있
으며, 6~9월에 연보라색의 꽃
이 핀다.

★★

부들

Typha orientalis

부들과

습지에서 자라는 여러해살
이풀로, 뿌리줄기가 있으며 꽃
은 7월에 피고, 익은 열매는
적갈색의 긴 타원형이다.

★★

비비추

Hosta longipes

백합과

산지의 냇가에서 자라는
여러해살이풀로, 7~8월에
보라색의 꽃이 핀다.

★★

산괴불주머니

Corydalis speciosa

현호색과

산지에서 흔히 자라는 두해
살이풀로, 4~6월에 노란색의
꽃이 핀다.

★★

서양민들레

Taraxacum officinale

국화과

유럽원산으로 주변 풀밭에
서 흔히 자라고 있는 여러해
살이풀이며, 3~9월에 노란색
의 꽃이 핀다.

★★

알록제비꽃

Viola variegata

제비꽃과

산지의 양지 사면에서 자라
는 여러해살이풀로, 5월에 보
라색의 꽃이 핀다.

★★

자 란

Bletilla striata

난과

전남 해안가에 자라는 여러
해살이풀로, 5~6월에 자주색
의 꽃이 핀다.

★★

천남성

Arisaema amurense
var. *serratum*

천남성과

산지의 음지나 습한 곳에서
자라는 여러해살이풀로, 알줄
기가 발달하며, 5~7월에 전
체적으로 녹색인 꽃이 핀다.

★★

큰까치수영

Lysimachia clethroides

앵 초 과

양지에서 자라는 여러해살
이풀로, 뿌리줄기가 발달하며,
6~8월에 흰색의 작은 꽃들이
줄기 끝에 무리지어 핀다.

★★★

감 국

Chrysanthemum indicum

국 화 과

여러해살이풀로, 9~10월에
지름 2.5cm 정도의 노란색
꽃이 핀다.

★★★

금창초

Ajuga decumbens

꿀 풀 과

남부지방에서 자라는 여러
해살이풀로, 기는줄기로 뻗으
며, 5~6월에 짙은 자주색의
꽃이 핀다.

★★★

노랑물봉선화

Impatiens noli-tangere

봉 선 화 과

산 속의 냇가에서 자라는 한
해살이풀로, 8~9월에 노란색
의 꽃이 핀다.

★★★

돌나물

Sedum sarmentosum

돌 나 물 과

다소 습기가 있는 양지바른
곳에서 자라는 여러해살이풀
로, 5~6월에 노란색의 꽃이
핀다.

★★★

머 위

Petasites japonicus

국 화 과

습지에서 자라는 여러해살
이풀로, 초봄에 연녹색의 꽃
이 피며 잎자루를 식용한다.

문주란

Crinum asiaticum
var. *japonicum*

수 선 화 과

★★★

제주도의 토끼섬에 자생하는 상록성 여러해살이풀로, 비늘줄기가 있으며, 7~9월에 흰색의 꽃이 핀다.

물봉선

Impatiens textori

봉 선 화 과

★★★

산지의 계곡에서 자라는 한해살이풀로, 8~9월에 홍자색의 꽃이 핀다.

복수초

Adonis amurensis

미 나 리 아 재 비 과

★★★

숲 속에서 자라는 여러해살이풀로, 뿌리줄기가 발달해 있으며, 이른 봄에 노란색의 꽃이 핀다.

★★★

부처꽃

Lythrum anceps

부처꽃과

습지나 냇가에서 자라는 여러해살이풀로, 7~8월에 짙은 분홍색의 작은 꽃이 무리지어 핀다.

★★★

삼지구엽초

Epimedium koreanum

매자나무과

중부지방의 계곡에서 자라는 여러해살이풀로, 뿌리줄기가 발달하며, 4~5월에 옅은 노란색의 꽃이 밑을 향해 핀다.

★★★

새우난초

Calanthe discolor

난과

남부지방의 숲속에서 자라는 여러해살이풀로, 뿌리줄기가 발달하며, 4~5월에 자주색 빛이 도는 갈색의 꽃이 핀다.

★★★

섬말나리

Lilium hansonii

백 합 과

울릉도에서 자라는 여러
해살이풀로, 뿌리줄기가 발
달하며, 6~7월에 노란색 바
탕에 붉은 점이 있는 꽃이
밑을 향해 핀다.

★★★

속 새

Equisetum hyemale

속 새 과

제주도와 강원도 이북의 숲
속 습지에서 자라는 상록성 여
러해살이풀로, 옆으로 뻗는 땅
속줄기에서 여러 줄기가 올라
온다.

야 생 화

★★★

애기똥풀

Chelidonium majus
var. *asiaticum*

양 귀 비 과

마을 근처의 양지 또는 숲
가장자리에서 흔히 자라는 두
해살이풀로, 5~8월에 노란색
의 꽃이 핀다.

★★★

엉겅퀴

Cirsium japonicum
var. *ussuriense*

국 화 과

전국 각지의 들에서 자
라는 여러해살이풀로, 6~8
월에 자주색의 꽃이 핀다.

★★★

왕새우란

Calanthe bicolor

난 과

전남 도서지역과 제주도에
서 자라는 여러해살이풀로,
4~5월에 꽃이 핀다.

★★★

은방울꽃

Convallaria keiskei

백 합 과

산의 숲 속에서 모여 자라
는 여러해살이풀로, 4~5월에
흰색 꽃이 밑을 향해 핀다.

참억새
★★★

Miscanthus sinensis

벼 과

　들에 흔히 자라는 여러해살이풀로, 9월에 꽃이 피고 은빛이 도는 털이 달린 종자를 맺는다.

털머위
★★★

Farfugium japonicum

국 화 과

　남부지방의 해안가 숲 속에서 자라는 상록성 여러해살이풀로, 9~10월에 노란색의 꽃이 핀다.

토끼풀
★★★

Trifolium repens

콩 과

　유럽 원산의 여러해살이풀로, 6~7월에 흰색의 꽃이 무리지어 둥글게 핀다.

각시원추리

Hemerocallis dumortieri

백합과

산지에서 자라나는 여러 해살이풀로, 6~7월에 노란 색의 꽃이 핀다.

개불알풀

Veronica polita
var. lilacina

현삼과

길가의 풀밭에서 자라는 두 해살이풀로, 4~5월에 꽃이 핀 다.

개양귀비

Papaver rhoeas

양귀비과

유럽에서 들어와 야생화된 두해살이풀로, 5월경에 꽃이 핀다.

계요등

Paederia scandens

꼭두서니과

주로 남부지방의 해안가에
서 자라는 낙엽성 덩굴류로,
7~8월에 꽃이 핀다.

고들빼기

Youngia sonchifolia

국화과

길가에서 흔히 자라는 두해
살이풀로, 5~6월에 꽃이 핀
다.

고마리

Polygonum thunbergii

마디풀과

도랑이나 물가에서 자라는
덩굴성 한해살이풀로, 8~9월
에 꽃이 핀다.

곰 취

Ligularia fischeri

국 화 과

깊은 산 속의 습지에서 자라는 여러해살이풀로, 7~9월에 꽃이 핀다.

광릉요강꽃

Cypripedium japonicum

난 과

광릉의 산정 근처에서 자라는 여러해살이풀로, 4~5월에 꽃이 핀다.

괭이눈

Chrysosplenium grayanum

범 의 귀 과

산 중의 습지에서 자라는 여러해살이풀로, 4~5월에 꽃이 핀다.

★★★★
괭이밥
Oxalis corniculata
괭 이 밥 과

곳곳에서 흔히 자라는 여
러해살이풀로, 봄부터 가을까
지 잎겨드랑이에서 꽃대가 올
라와 노란색의 꽃이 핀다.

★★★★
구슬붕이
Gentiana squarrosa
용 담 과

양지바른 풀밭에서 자라는
두해살이풀로, 5~6월에 꽃이
핀다.

★★★★
긴병꽃풀
Glechoma hederacea
꿀 풀 과

중북부 산지의 습한 양지
에서 자라는 여러해살이풀로,
4~5월에 연한 자주색의 꽃
이 핀다.

★★★★

까마중

Solanum nigrum

가지과

밭이나 길가에서 흔히 자라는 한해살이풀로, 5~7월에 백색의 꽃이 피고 열매가 익으면 검은색이 된다.

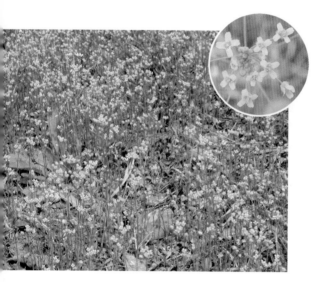

★★★★

꽃다지

Draba nemorosa
var. *hebecarpa*

십자화과

햇빛이 잘 드는 곳에서 자라는 두해살이풀로, 4~5월에 작은 노란색의 꽃이 핀다.

★★★★

꽃마리

Trigonotis peduncularis

지치과

들이나 밭에서 흔히 자라는 두해살이풀로, 4~6월에 매우 작은 연한 보라색의 꽃이 핀다.

★★★★

꽃향유

Elsholtzia ciliata

꿀풀과

산야에서 자라는 여러해살
이풀로, 9~10월에 이삭모양
의 작은 꽃들이 꽃대의 한쪽
으로 줄지어 핀다.

★★★★

끈끈이주걱

Drosera rotundifolia

끈끈이귀개과

햇빛이 잘 드는 산성의 습
지에서 자라는 여러해살이풀
로, 7월에 흰색의 꽃이 핀다.

★★★★

냉 초

Veronicastrum sibiricum

현삼과

산지의 다소 습한 곳에서 자
라는 여러해살이풀로, 7~8월
에 연한 보라색의 꽃이 핀다.

★★★★

둥근잎유홍초

Quamoclit angulata

메꽃과

열대 아메리카 원산의 덩굴성 한해살이풀로, 7~8월에 짙은 주황색 또는 흰색의 꽃이 핀다.

★★★★

땅나리

Lilium callosum

백합과

중부 이남에서 자라는 여러해살이풀로, 비늘줄기가 있으며, 6~7월에 짙은 주황색의 꽃이 밑을 향해서 핀다.

★★★★

띠

Imperata cylindrica
var. *koenigii*

벼과

산야에서 흔히 자라는 여러해살이풀로, 뿌리줄기가 발달해 있으며, 5월에 잎보다 꽃대가 먼저 나온다.

★★★★

마타리

Patrinia scabiosaefolia

마타리과

양지에서 자라는 여러해
살이풀로, 뿌리줄기가 발달
해 있으며, 7~8월에 노란
색의 매우 작은 꽃이 무리
지어 핀다.

★★★★

미국쑥부쟁이,
백공작

Aster pilosus

국화과

북아메리카 원산의 귀화식
물로, 여름철에 흰색의 꽃이
핀다.

★★★★

바위취

Saxifraga stolonifera

범의귀과

중부 이남에서 자라는 상록
성 여러해살이풀로, 5월에 흰
색의 꽃이 핀다.

★★★★

박 새

Veratrum patulum

백 합 과

깊은 산 습지에서 무리지어 자라는 여러해살이풀로, 7~8월에 연한 노란색의 꽃이 핀다.

★★★★

범부채

Belamcanda chinensis

붓 꽃 과

산지에서 자라는 여러해살이풀로, 뿌리줄기가 발달해 있으며, 7~8월에 주황색 바탕에 짙은 붉은색 점무늬가 있는 꽃이 핀다.

★★★★

분홍바늘꽃

Epilobium angustifolium

바 늘 꽃 과

중북부 지방의 양지에서 자라는 여러해살이풀로, 7~8월에 줄기 끝에서 진분홍색의 꽃이 핀다.

★★★★

붉은토끼풀

Trifolium pratense

콩 과

유럽 원산의 여러해살이풀
로, 6~7월에 전체적으로 분
홍색의 꽃이 핀다.

★★★★

산 국

Chrysanthemum boreale

국 화 과

전국의 산지에서 흔히 자라
는 여러해살이풀로, 9~10월
에 노란색의 꽃이 핀다.

★★★★

산꿩의다리

Thalictrum actaefolium

미 나 리 아 재 비 과

숲 속에서 자라는 여러해살
이풀로, 7~8월에 흰색의 작
은 꽃이 핀다.

솜다리

Leontopodium coreanum

국 화 과

한라산과 중부 이북에서
자라는 여러해살이풀로, 꽃
잎처럼 보이는 부분은 원래
포엽으로 흰색 털이 밀생해
서 은색빛이 돈다.

쇠뜨기

Equisetum arvense

속 새 과

햇빛이 잘 드는 풀밭에서 흔
히 자라는 여러해살이풀로, 땅
속줄기가 발달해 있으며, 이
른 봄에 포자줄기가 나온 후
영양줄기가 나온다.

약모밀

Houttuynia cordata

삼 백 초 과

남부지방에서 야생상태로
자라는 여러해살이풀로, 5~6
월에 흰색의 꽃이 핀다.

★★★★

양지꽃

Potentilla fragarioides
var. *major*

장미과

양지에서 흔히 자라는 여러
해살이풀로, 4~6월에 노란색
의 꽃이 핀다.

★★★★

우산나물

Syneilesis palmata

국화과

전국의 깊은 산 나무 밑에
자라는 여러해살이풀로, 7~9
월에 꽃이 핀다.

★★★★

윤판나물

Disporum sessile

백합과

산 기슭 숲속에서 자라는 여
러해살이풀로, 4~6월에 노란
색의 꽃이 핀다.

★★★★

자주꽃방망이

Campanula glomerata
var. *dahurica*

초롱꽃과

풀밭에서 자라는 여러해살
이풀로, 뿌리줄기가 발달하며,
7~8월 줄기 끝에서 자주색의
꽃이 핀다.

★★★★

제비동자꽃

Lychnis wilfordii

석죽과

중북부의 풀밭에서 자라는
여러해살이풀로, 7~8월에 짙
은 주황색의 꽃이 핀다.

★★★★

족도리

Asarum sieboldii

쥐방울덩굴과

산지의 나무 그늘에서 자라
는 여러해살이풀로, 뿌리줄기
가 발달해 있으며, 4~5월에
팥죽과 같은 꽃이 핀다.

★★★★

좁쌀풀

Lysimachia vulgaris
var. *davurica*

앵초과

햇빛이 잘 드는 습지에서 자
라는 여러해살이풀로, 6~8월
줄기 끝에서 노란색의 작은 꽃
이 핀다.

★★★★

참골무꽃

Scutellaria strigillosa

꿀풀과

여러해살이풀로, 6~8월에
자주색 꽃이 줄기 끝의 잎겨
드랑이에 하나씩 달린다.

★★★★

처녀치마

Heloniopsis orientalis

백합과

산지의 다소 습한 곳에서 자
라는 여러해살이풀로, 뿌리줄
기가 발달하며, 4월에 자주색
의 꽃이 핀다.

★★★★

큰꿩의비름

Sedum spectabile

돌나물과

양지바른 산지에서 자라는 다육질의 여러해살이풀로, 8~9월 줄기 끝에서 진분홍색의 작은 꽃이 무리지어 핀다.

★★★★

타래난초

Spiranthes sinensis

난과

잔디밭이나 논뚝 근처에서 흔히 자라는 여러해살이풀로, 5~8월에 분홍색의 작은 꽃이 꽃대에 나선형으로 무리지어 핀다.

★★★★

털별꽃아재비

Galinsoga ciliata

국화과

주변에서 흔히 보이는 북아메리카 원산의 한해살이풀로, 6~9월에 꽃이 핀다.

★★★★

피나물

Hylomecon vernale

양 귀 비 과

경기도 이북의 숲속에서 자
라는 여러해살이풀로, 뿌리줄
기가 발달하며, 4~5월에 노
란색의 꽃이 핀다.

★★★★

피뿌리풀

Stellera rosea

팥 꽃 나 무 과

한라산 동쪽 산기슭의 풀밭
에서 자라는 여러해살이풀로,
5~7월에 원줄기 끝에서 분홍
색의 꽃이 핀다.

209

★★★★

하늘말나리

Lilium tsingtauense

백 합 과

산야에서 흔히 자라는 여러
해살이풀로, 비늘줄기가 발달
하며, 7~8월에 주황색의 꽃
이 위를 향해 핀다.

하늘타리

Trichosanthes kirilowii

박 과

남부지방의 저지대에서
자라는 다년생 덩굴식물로,
7~8월에 흰색의 꽃이 핀다.

★★★★

해 국

Aster spathulifolius

국 화 과

남부지방의 바닷가에서 자
라는 반목본성 여러해살이풀
로, 7~10월에 연보라색의 꽃
이 핀다.

식물 이름 찾아보기

식물 학명 찾아보기

Q

R

S

꽃이 숨쉬는 책 시리즈 ❷

6OO가지 꽃 도감

2003년 4월 25일 초 판   발행
2017년 3월 10일 개정판 7쇄 발행

　　　지은이: 한국화훼장식학회
　　　만든이: 정민영
　　　펴낸곳: 부민문화사

　　　04304   서울시 용산구 청파로73길 89(서계동 33-33)
　　　　　　　전화: 714-0521~3   FAX: 715-0521
　　　　　　　등록 1955년 1월 12일 제1955-000001호
　　　　　　　http://www.bumin33.co.kr
　　　　　　　E-mail: bumin1@bumin33.co.kr
정가 12,000원

　　　　　　　　　　　　　　　공급 한국출판협동조합

ISBN 978 - 89 - 385 - 0245 - 2   93520